英語で楽しくtwitter!
～好きを英語で伝える本～

監修　柏木しょうこ

クジラにも
めげずに
ファン・
ツイート!

MUSIC&LIVE

STAGE&PERFORMANCE

MOVIE

DRAMA

MUSICAL

FASHION

BASEBALL

FOOTBALL

GOLF

TRAVEL

FIGURE SKATING

FOOD&DRINK

CATS&DOGS

JAPANESE CULTURE

CONTENTS

本書の構成・使い方 ·· 6

第1章　英語でツイート始めよう！

【ツイッター英語】英語感覚を身につけよう ················· 8
日々のつぶやき―What's happening?「今何してる?」から始めよう! ········· 9
■ 実況中継　～している　現在進行形〈be ＋動詞 ing〉 ········· 10
■ 予定をつぶやく　（これから）～する予定
現在進行形〈be ＋動詞 ing〉／〈be going to ～（動詞）〉 ········· 11
■ 思いつきと覚悟をつぶやく　未来の助動詞 will ········· 12
■ 気分、状態、当たり前の日常をつぶやく　現在形 ········· 13
■「ちょうど～したところ」の達成感をつぶやく
現在完了形〈have/has ＋過去分詞形〉 ········· 14
■ 今日という日を振り返り、あの日の思い出を懐かしむつぶやき
過去形／ used to do「以前は～だった」 ········· 15
■ そうなるはずの予定をつぶやく　be supposed to do
「～はず、～することになっている」 ········· 16
【コラム】How to Write a Good Twitter Bio
効果的なプロフィールの書き方 ········· 17

第2章　日々のつぶやき

Part1―まずは1日の行動をつぶやいてみよう ········· 20
■ 朝起きてから寝るまで ········· 21
《日常生活の単語集》 ········· 24
【One more phrase!】あいさつ＆離脱の表現 ········· 26

Part2―さらに詳しくつぶやいてみよう ········· 27
■ 天気・気候について ········· 28
【コラム】天気が悪くても、明るくコメント！ ········· 30
■ どんな服装してる? ········· 31
【コラム】えっ！体温、98度って!? 華氏と摂氏の温度表示に注意！ ········· 32
■ 食事に行く ········· 33
■ 食事の感想 ········· 34
■ ショッピングに行く、買う ········· 35
■ ジムに行く ········· 37
■ 運動する ········· 38

- ■ 旅行の準備 ･･･ 40
- ■ 旅行中の感想 ･････････････････････････････････････ 41
- ■ 帰宅後、旅の感想 ･･･････････････････････････････ 43
- 【One more phrase!】ツイッターのクジラは"彼"か"彼女"か？ ････ 45
- ■ ペット―イヌ派 ･･････････････････････････････････ 46
- ■ ペット―ネコ派 ･･････････････････････････････････ 48
- 《食事にまつわる単語集》･････････････････････････ 50
- 【One more phrase!】「〜しなくちゃ」は have to よりも need が自然！ ･･ 52

第3章　リアクション

- シンプルな一言から気持ちを発信してみよう ････ 54
- ■ あなたの意見に同意する ････････････････････････ 55
- ■ 同意しかねる、ちょっと保留 ････････････････････ 58
- 【One more phrase!】「〜したいなぁ」want よりも優しい feel like 〜 ･･ 59
- ■ 感謝の気持ちを伝える ･･････････････････････････ 60
- ■ "ありがとう"に添える感謝の一言 ････････････････ 61
- ■ 心温まるエピソードを聞いて ････････････････････ 62
- ■ ひどい話を聞いて ･･････････････････････････････ 63
- ■ 素晴らしいの一言 ･･････････････････････････････ 64
- ■ うらやましい ･･････････････････････････････････ 66
- 【One more phrase!】今、地震あった？　Did you feel that? ･････ 66
- ■ 励ましの言葉 ･････････････････････････････････ 67
- ■ うれしい気持ち ････････････････････････････････ 69
- ■ ガッカリ、落ち込み ････････････････････････････ 70
- ■ 驚きの一言 ････････････････････････････････････ 71
- ■ 褒める、感嘆する ･････････････････････････････ 73
- 【One more phrase!】「それって、いい感じ」It sounds good. ･････ 74
- ■ 今、どんな気分？ ･･････････････････････････････ 75
- ■ 不安・緊張・イライラを伝える、励ます ･････････ 76
- ■ 微妙な気持ち、ちょっと深いことを伝える ････････ 78
- 《最初に添える一言・顔文字／略字》･･･････････････ 79
- 【One more phrase!】
「だったらいいなぁ」"陽"の表現 hope と"陰"の表現 wish ････ 80

第4章　ファンツイート

- 憧れのスターにメッセージを送りましょう …… 82

【音楽&ライブ】
- ■ ライブの感想メッセージ！ …… 83
- 【One more phrase!】音楽シーンで使う「かっこいい」の形容表現 …… 84
- ■ 曲・アルバムの感想メッセージ！ …… 85
- 【One more phrase!】"受け止め方"の感覚を使い分ける7つの動詞 …… 87

【セレブファッション】
- ■ 洋服&スタイル－褒める、憧れる …… 88
- ■ 洋服&スタイル－ちょっと微妙、イマイチ …… 90
- ■ 気になるファッション・アイテム …… 91
- ■ 気になる限定&コラボ商品 …… 92
- ■ 気になるヘア&メイク …… 93
- 《セレブを彩る形容表現》 …… 94
- 【エンタメ翻訳者おススメの表現】心に響く、スターたちの一言〈女優編〉 …… 95

【映画・ドラマ】
- ■ 作品の感想をつぶやこう！ …… 96
- 〈作品を褒める〉〈作品がイマイチ〉
- ■ 俳優の個性についてつぶやこう！ …… 99
- 《作品について一言》 …… 100
- 《俳優について一言》 …… 101
- ■ 映画賞・ドラマ賞で盛り上がろう！ …… 102
- 〈受賞前のつぶやき：作品編〉
- 〈受賞後のつぶやき：作品編〉
- 〈受賞・ノミネートのつぶやき：俳優編〉
- ■ 俳優の演技についてつぶやこう！ …… 105
- ■ 監督についてつぶやこう！ …… 107
- ■ お気に入りの俳優へメッセージを送る …… 109
- 【エンタメ翻訳者おススメの表現】
  エンタメ業界でよく使われる言葉 …… 111

【ミュージカル&舞台】
- ■ 俳優・パフォーマー（= Artist）を称える …… 112
- ■ 舞台・演技に感動のつぶやき！ …… 113
- ■ 「観てきたよ～！」報告のつぶやき！ …… 115
- 【エンタメ翻訳者おススメの表現】心に響く、スターたちの一言〈男優編〉 …… 116

【ベースボール (MLB)】
- ■ 試合について ……………………………………………………… 117
- ■ 選手について ……………………………………………………… 119
- 【スポーツ翻訳者おススメのスポーツ表現】MLB 編 …………… 120
- 《ベースボール (MLB) 用語集》 …………………………………… 122

【サッカー】
- ■ 選手とプレーを称える／けなす …………………………………… 124
- ■ チーム・試合について ……………………………………………… 126
- 《サッカー用語集①》 ………………………………………………… 127
- 【スポーツ翻訳者おススメのスポーツ表現】サッカー編 ………… 128
- 《サッカー用語集②》 ………………………………………………… 130
- 《選手の特徴をつぶやくーベースボール&サッカー》 …………… 131

【ゴルフ】
- ■ プレーについて ……………………………………………………… 133
- ■ コースについて ……………………………………………………… 135
- 【スポーツ翻訳者おススメのスポーツ表現】ゴルフ編 …………… 136
- 《ゴルフ用語集》 ……………………………………………………… 138

【フィギュアスケート】
- ■ 演技について ………………………………………………………… 140
- ■ リンク・衣装・採点について ……………………………………… 142
- ■ 選手への応援メッセージ／演技・試合の感想 …………………… 143
- 《フィギュアスケート用語集》 ……………………………………… 145

第5章　日本を伝える

- 日本の情報を発信してみよう！ ……………………………………… 148
- ■ 流行について ………………………………………………………… 149
- ■ 地域・街について …………………………………………………… 150
- ■ 文化・風習について ………………………………………………… 151
- 【コラム】Weird Japan ちょっとおかしな日本のお菓子 ………… 153
- ■ 季節の風物詩　1〜12月 …………………………………………… 154
- 《日常文化の単語集》 ………………………………………………… 159

STAFF
装丁	島崎珠子
本文イラスト	青山京子
本文デザイン	蛭田典子 (主婦の友社)
編集担当	深堀直子 (主婦の友社)

本書の構成・使い方

ツイッターでつぶやくだけでなく、英会話としても使える表現を中心に集めています。

●**英会話の練習にも使いたい方**→第1章より進めるとより効果的です。自分で発信する力と相手の意図を感じる力を養うには、英語の感覚にまず慣れること。細かい文法ではなく、英語そのものに慣れていくための構成になっていますので、気軽に楽しみながら進めてみてください。

●**表現集として使いたい方**→目次をご覧になり、必要な個所のツイート表現をお使いください。

第 ① 章
「英語でツイート始めよう!」では、文法通りにはいかないツイッター英語を読み解くための時制の感覚を解説。日本語から考える癖を捨て、英語で考えるヒントをご紹介します。

第 ② 章
「日々のつぶやき」では、英語でつぶやきたい方のためのウォーミングアップとして、シンプルなつぶやき方法と例文をご紹介しています。日常生活に英語を取り入れるためのヒントとしてご活用ください。

第 ③ 章
「リアクション」では、海外のツイートに反応していくための表現を集めています。気持ちを伝えることから、コミュニケーションは始まりますので、自分でつぶやくのが苦手な方は、まずはここからスタートしてもよいでしょう。

第 ④ 章
「ファンツイート」では、ファッション、映画・ドラマ、舞台、音楽、そしてスポーツと趣味について思いきりつぶやきたい、同じ趣味のTwitter friends(つぶ友)がほしい、という方におススメです。また憧れのスターや選手などに、応援メッセージやファンツイートを送るためのツイート例も紹介しています。

第 ⑤ 章
「日本を伝える」では、海外のTwitter friendsに日本のことを教えてあげるためのツイート例を紹介しています。海外の人々と友達になると必ず聞かれるのが自分の国のことです。英語で日本を表現するのは、なかなか難しいかもしれませんが、まずは「今流行っていること」「季節の行事」など身近なことから始めてみてはいかがでしょうか。

単語集とコラム
自分でつぶやくだけでなく、相手のつぶやきを理解するために必要な単語を掲載した単語集と、さらに英語の感覚をつかむためのコラムをご用意しました。実際の映像翻訳者(テレビや映画の翻訳者)が、海外のテレビ番組で使われているおススメのフレーズも紹介しています。

監修　柏木しょうこ(映像・書籍翻訳家)

第 1 章
英語でツイート始めよう!

まずは時制感覚を身につける練習から。
英語の思考に慣れるための準備体操を行いましょう。

Let's start to tweet in English!

日本語から考えるとドツボにはまる。まずは簡単な英語感覚を身につけよう！

気軽に簡単なことから英語でつぶやいてみましょう。
と言われても、なかなか難しいですよね。
というのは、たいていの人がまず何を書こうか日本語から考えるからです。
しかも、日本語で考えたちょっとしたことほど、英語にするのが難しい。
それもそのはず。それは日本語の感覚で考えているからです。

例えば選手などについて「あいつ、めちゃくちゃ往生際が悪い」
もしくは「潔く負けを認めて、気持ちいい！」とつぶやくとき、
主語は、動詞は…「ええっと、He is the person who...」と難しく考えがちです。
英語の考え方では、He is a loser.「彼は敗者」から入ります。
そして、負けを認めない＝ bad 、潔く認める＝ good という形容詞を思いつき、次のようになります。
He is a bad loser!
He is a good loser!
反対に、英語を日本語の理屈で考えようとすると意味がわからなくなります。
例えば、
A：Thank you so much!
B：You bet.
これを直訳すると
A：「本当にありがとう」
B：「あなたは賭ける」
辞書的な意味を当てはめると、まるで意味不明です。You bet. は You're welcome. よりも気さくな表現で、「当然だよ、いえいえそんな」というニュアンスになります。
ツイッターでは、こうした生の英語が流れています。
しかもユーザーによって言葉の感覚も多種多様。英文法通りにいかないのが悩ましいところです。ですが、共通している感覚があります。
それが、「時制の感覚」です。

まずは、この「時制」を切り口にして、英語の感覚をつかみ、ツイッター英語の世界に慣れていきましょう。

日々のつぶやき－What's happening?
「今何してる?」から始めよう!

時制の感覚をつかむには、シンプルな「～なう」「帰宅ったー」などの実況中継系のつぶやきから始めるとよいでしょう。いわば、英語の思考に切り替える準備体操のようなものです。

時制は基本的に3つ―現在・過去・未来です。そこに現在完了形や現在進行形など時制のアレンジが加わるわけです。

本章では、「日々のつぶやき」に必要な時制と、知っておくと便利な感覚表現をご紹介します。

「日々のつぶやき」に必要な時制は、基本的に4パターンです。

> 【現在形】　　状態や習慣的に行われていること。今のところ未来も変わらないこと。
> 【現在進行形】進行中の行為で、現時点でまだ終わっていないこと。
> 【過去形】　　過去のこと。もう終わったこと。
> 【現在完了形】過去から現在につながっていること。過去に起きたことが、結果として今に至っていること。

それぞれの時制の感覚を次の例で確認してみましょう。

例:その1

　　現在形：I work.　働いています。(これからも働く。働くことが当たり前)
現在進行形：I'm working.　仕事中。(まだ仕事が終わっていない)
　　過去形：I worked.　働いていた。(今は働いていない。仕事が終わっている)
現在完了形：I've worked.　仕事が終わった。(今まで働いていた)

例:その2

　　現在形：I love him.　彼を愛している。(これからもその愛は変わらない)
現在進行形：I'm loving him.　今、彼に夢中なの。(今、まさにドキドキ、熱愛中)
　　過去形：I loved him.　彼を愛していた。(今は愛していない。もう過去のこと)
現在完了形：I've loved him.　彼を愛してきた。(前から好きだった)

この基本4パターンに、未来形のアレンジを加えれば、日々のつぶやきはほぼカバーできます。

実況中継 〜している
現在進行形〈be＋動詞 ing〉

現在進行形における時制感覚のポイントは、「**始めた"行為"がまだ終わっていない**」ということです。よく do、go などの動作の動詞は進行形にできますが、need、know などの状態を表す動詞は基本的に進行形にはしないので注意しましょうと言われ、混乱される方もいるかもしれません。そこで、進行形にできる「行為」は、目に見えるもの、体の外で起きていることと覚えておくとよいでしょう。一方、気持ちや体の具合など、体の中で起きている事柄については基本的に進行形にしません。「**体の外か、内か**」と進行形にするときに、まず考えてみましょう。（※例外的に love や feel、think は心の中のことでも進行形になるときがあります）

また、現在進行形でよく勘違いされるのが、「今、目の前で起きていること」だけしか言えないのでは？ということです。ポイントは、「始めた"行為"がまだ終わっていない」なので、例えば、今現在、本を読んでいなくても読みかけの本がある場合、I'm reading that book.「今、あの本を読んでるんだよね（読んでる途中なんだ）」と言うことができます。

We're enjoying the party now.
パーティー、盛り上がってます。

I'm making coffee.
コーヒー、淹れてます。

Watching [ ] on TV now.
テレビで [ ] なう。

Waiting for a train now.
電車待ちなう。

Killing time at a café.
カフェで時間つぶしてる。

Rooting for [ ]!
[ ] を応援中！

Munching on a bagel now.
ベーグル堪能中。（ベーグルをかじってる）

Curling up in bed now.
（具合が悪くて）ベッドで丸まっている。

POINT 解説

主語 I（私）は省略してOK

Killing time at a café. のようにツイッターでは I（私）が主語の場合、I'm を省略してもOKです。主語を省略したほうが、少しカジュアルで勢いのある感じが出ます。また、now を最後につけると、日本語の「〜なう」により近いニュアンスになり、さらに「今している」臨場感を出せます。

予定をつぶやく （これから）〜する予定
現在進行形〈be＋動詞ing〉/〈be going to 〜（動詞）〉

現在進行形の用法でもう一つ、ツイッターで便利なのが「予定」が表現できることです。前述のとおり現在進行形は「始めた"行為"がまだ終わっていない」ということから、「よし決めたぞ」という行為が、「まだ終わっていない＝予定」という意味で使われます。つまりあらかじめ決まっていた、決めていた予定についてつぶやくときは、現在進行形でＯＫ！「これから〜する」「今日は〜する」など決まっていることはすべて進行形でつぶやいちゃいましょう。
また、同じく未来を表すおなじみの表現に、〈be going to 〜（動詞）〉があります。こちらもすでに決めていたことや予定について表しますが、現在進行形のほうが、より確実性があります。
もしかしたら、予定・未来を表すというと真っ先に思い浮かぶのが助動詞 will かもしれませんが、こちらは、「話している時点で思いついたこと」について言う場合に使用します。

Meeting up with a few friends for a drink.
数人の友達と飲みに行く予定。（もう決まっていて、確実に行く）

I'm going to meet up with a few friends for a drink.
数人の友達と飲みに行くつもり。（けど、まだ具体的な計画は立てていない）

I will meet up with a few friends for a drink.
数人の友達と飲みに行くぞ。（今思いついて、そう決意した）

Making chicken curry for dinner.
夕食はチキンカレーの予定。（で、もう準備もしてある）

I'm going to make chicken curry for dinner.
夕食はチキンカレーのつもり。（買い物はこれから）

I will make chicken curry for dinner.
夕食はチキンカレーにしよっと。（今思いついた）

POINT 解説 〈be going to 〜（動詞）〉のもう一つの用法

〈be going to 〜（動詞）〉は、予定のほかに「〜しそうだ」という未来の予測にも使われます。例えば、Something is going to happen.「何か起こりそう」です。この表現は、Something good/bad is going to happen. というように、いい予感、悪い予感の両方に使えます。

❶ 英語でツイート始めよう！

思いつきと覚悟をつぶやく
未来の助動詞 will

「未来」といえば will と自動的にインプットされている方も多いかもしれません。前述のとおり、助動詞 will は同じ「未来」でも、すでに決めている予定や計画については使用しません。「未来」を表す will の基本は「話している時点で決めたこと」、そして「未来に起こると予測されること」。まずこの 2 つを押さえておきましょう。また、「話している時点で決めたこと」＝「意志」として「よし、やるぞ！」という覚悟の気持ちを表すときにも使います。

I'll try it!
やってみる！

I WILL go on a diet!
絶対、ダイエットする！

I will exercise when I have free time.
自由な時間があったら、運動するよ。

One day, I will meet the perfect girl.
いつかきっと理想の女の子に会えるだろう。

If you call me, I will be very happy.
電話をくれたら、すっごく嬉しいなぁ。

This time next year, I'll be in Japan.
来年の今頃は、たぶん日本にいるんじゃないかな。
（具体的な計画ではなく、ただの予測）

明日は仕事ですか？
[×] Will you work tomorrow?
すでに決まっている予定のことなので→
[○] Are you working tomorrow?

POINT 解説

WILL 大文字にして意志の固さを強調

ツイッター上でよく見かけるのが、大文字で強調し、テンションの高さを伝える方法です。意志・覚悟を表すときに、WILL を大文字にするとその決意の固さが強調され、「絶対に！」というニュアンスを演出することができます。また、形容表現などを大文字にして強調することもあります。She is CUTE!!「彼女、超カワイイ！！」。この大文字強調は会話のときに、どの言葉を強く（大きく）言っているか、という会話のニュアンスからくるものが多いので、TL で大文字強調を見かけたときは、声に出して読めば英会話のイントネーションを知る練習にもなります。

気分、状態、当たり前の日常をつぶやく
現在形

① 英語でツイート始めよう!

現在形は、「状態や習慣的に行われていること。今のところ未来も変わらないこと」を表します。つまり、気分、状態、当たり前の日常のことで、今、現在起きていることです。中でもツイッター上でよく使われるのが、気分〈feel〉と状態〈be/have ＋症状〉。「お腹がすいた」「気分が悪い」「頭が痛い」など、状態や症状を訴えるときに用いられます。
心の状態から体の状態まで、今どんな気分なのか実況中継してみましょう。

I feel the same way.
同感です。

I don't feel like it.
そんな気分じゃない。

I feel so good!!
すごく気分がいい!

I'm hungry.
お腹すいた。

I have a headache/stomachache.
頭が痛い。/ 胃が痛い。

I have a cold.
風邪引いた。

You want too much.
欲張りすぎ。

I need to leave right now.
今すぐ行かなくちゃ。

I live in Japan.
私は日本に住んでいます。(当たり前の日常)

POINT解説: be about to... 「あと少しで〜しちゃうよ」

「あと少しで〜しちゃいそう」という状態は be about to...でツイート。例えば、「思わず噴き出しそう」は I am about to laugh out!、「今、出かけるところ」は I am about to leave.。さらにライブで、The gig is about to start!「もうすぐライブが始まるよ!」など直前報告で使える表現です。
また、これを否定にすると「あと少しで〜しない」という意味ではなく、全面的な強い否定「少しも〜する気なんてない」となるので注意しましょう。I'm not about to leave.「立ち去る気なんてさらさらない」。

「ちょうど〜したところ」の達成感をつぶやく
現在完了形〈have/has＋過去分詞形〉

ツイッター上でよく見かけるフレーズ「帰宅ったー！」は、I've just got home!「ちょうど家に着いた」という現在完了形で表します。ちなみに「ただいま」は I'm home. になります。

現在完了形の時制感覚のポイントは、「**過去から現在につながっていること。過去に起きたことが、結果として今に至っていること**」。

● 「ちょうど〜したところ」＝ずっとそこに向かっていて、目的地点に着いた。
● 「まだ〜していない」＝ずっと〜しようと思っていたのだけど、まだ達成していない。
● 「〜したことがある」＝今まで経験して、今に至る。

よく使われるのが、この3つの感覚です。
つぶやき以外では、ニュースなどで最近の出来事や事件などを伝えるときにも使われます。

I've just got home!
帰宅ったー！

I've already had lunch.
もうすでにランチは済ませた。

I've just got on the train.
今、ちょうど電車に乗ったところ。

I've finished my homework.
宿題、終わったぞ。

I haven't seen that movie yet.
まだその映画、観てない。（観たいとは思ってる）

I love that movie. I've seen it at least 5 times!
あの映画、大好き。少なくともう5回は観ている！

The road is closed because there has been an accident.
事故があったため、道路が封鎖中。

POINT 解説 　現在完了形とあわせて使いたい just と already

動詞の過去分詞の前に副詞 just または already を入れると、さらに微妙な時間の感覚が表現できます。
just は「ちょうど今、ちょっと前ぐらい」、already は「すでに、予測よりわりと早い段階で」という時間の感覚です。例えば待ち合わせで、待たされていたけど「今来たところ」と言いますね（たとえ本当に今来たところじゃなくても）。そんなときは、I've just arrived here. ですが、反対にたとえ時間的にはそんなに経っていなくても、待たされたと感じるときは、I've already arrived here.「もうすでに着いていた」となります。

今日という日を振り返り、あの日の思い出を懐かしむつぶやき
過去形/used to do「以前は〜だった」

今日という日を振り返ったり、「こんなことをした」「あんなことをした」と何をしたのかを報告するときは過去形になります。こちらも、現在進行形の実況中継と同様に英語に慣れるにはとてもいい練習になります。現在完了形がイマイチ面倒…という方は、まずこちらの過去形つぶやきから始めてみてください。
また、「以前は〜だった（今は違う）」という過去の習慣や思い出を語るときは、used to do を使います。「ああ、あの頃は〜だったのに」「昔はよく〜したもんだよ」とちょっと今とは違う昔を懐かしむ表現です。

I had a great day.
いい日だった。

I had a loooooong day.
ながぁ〜い一日だった。（とても大変だったという意味）

I just meant for me personally.
個人的な意味で言っただけ。（ひんしゅくを買ったときの表現）

I took a power nap.
仮眠した。

I used to have very long hair.
昔は髪を伸ばしてた。

There used to be a movie theater.
以前は映画館があった。

POINT 解説

母音を重ねた強調表現　a loooooong day

大文字による強調表現と同様によく見かけるのが、母音を重ねた強調表現です。これは、日本語の「すごぉぉぉぉ〜い！」という強調表現と同じ使い方なので、わかりやすいかもしれません。どれだけすごいのか、テンションの高さが伝わります。しかし、こちらも日本語と同じですが、使いすぎると子どもっぽく見られる傾向があるので、ほどほどにしましょう。どの母音をのばすかは、声に出して読むとわかりやすくなります。

そうなるはずの予定をつぶやく
be supposed to do「〜はず、〜することになっている」

ツイッター上でもよく登場し、辞書的な意味ではなかなか対応しきれない感覚表現に be supposed to do があります。「〜のはずだ」「〜することになっている」「〜しなければならない」と訳語はいろいろあるのですが、この表現のポイントは、予定は予定でも、自分が決めた予定ではなく、「**自分以外の第三者(習慣、約束、規則など)に決められた予定**」について言及するときに使うということ。次の例を見てみましょう。

約束(=第三者)で決められたこと
She is supposed to be home by now.
彼女は、この時間までには　　家にいるはずなのに。
　　　　　　　　　　　　　家にいることになっている。
　　　　　　　　　　　　　家にいなければならない。
▶訳し方が違いますが内容は同じです。要するに「彼女は約束の時間に遅れている」ということ。

会社(=第三者)で決められた予定
I'm supposed to have a staff meeting this afternoon.
午後はスタッフミーティングがある。
▶仕事などの予定は自分だけで決めることではないので、この表現を使うことが多くなります。

口コミ(=第三者)で評判の料理
The dim sums here are supposed to be really good.
ここの飲茶はとてもおいしいということになっている。
▶ここの飲茶はおいしいらしい。

天気予報(=第三者)で聞いた情報
It is supposed to rain.
雨になるらしい。
▶比較＞ It is going to rain.「(空の様子を見て)雨になりそうだ」

料理本(=第三者)を見て作った料理について
Well, it's supposed to be tom yum goong...
まあ、一応、トムヤムクンのつもりなんだけど…。
▶料理本どおりに作ったから、ちゃんとできてるはずなんだけど…。

効果的なプロフィールの書き方

自分を知ってもらうプロフィール（Bio）。どんなことを書けばいいのでしょうか。160文字で自分を語るのは難しいものです。だからといって次のようなコメントをプロフィールに書くと、かえって逆効果になりかねません。

EXAMPLE：
Don't you know me !　私のこと知らないくせに。(ええ、知りません)
I am what I am !!!　私は私 !!!（ああ、そうですか）
Why the hell you want to know my bio?　なんで私のプロフを知りたいの？（そんなこと言われても…）
Only 160 characters are not enough to tell about me. たった160字じゃ、私のことは語れない。（それはみんな同じです）
ユーモアはOKですが、ただの皮肉は伝わりません。もちろん何を書こうが自由なので、基本的にどんなことでもかまいませんが、ただし、プロフィールを書くにあたって次の3つは、〈避けたいこと〉だと言われています。

Bioで避けたい3つのこと
- 自分のサイトのURLをプロフィール（Bio）の欄に張りつけるだけ。
- 商品の売り込みなどセールス文句。自己紹介もしない人の商品は誰も買いません。
- 汚い言葉やスラング。略字など俗に言うSNS語も避ける。

それでは、実際にどんなことを書けばいいのでしょうか。基本は3つ。

Bioに書く3つのポイント
- 何をしているのか。職業や普段していること。
- 趣味や好きな言葉など、どんな性格・価値観なのかわかること。
- 少しだけ私生活も…ただし、あまりにも個人的すぎることは避ける。
（宗教や政治の話はNG）

EXAMPLE：
Typical college student, Normal surfer, Love reading novel and traveling. Single living with parents.
典型的な大学生、サーフィンを少々。小説と旅をこよなく愛する。シングル、親と同居。

これは典型的な例ですが、実際は「好きなこと」や「好きな言葉」を中心に自分の人となりをアピールするプロフィールも多く見られます。
映画好きならば、映画からセリフを引用したり、好きなセレブや選手の言葉を引用するなど思い入れのあることをプロフィールに書き込んでみましょう。

Bio で使える表現＆引用句例

I tweet about [　] and a little about my life.
［　］と少しだけ自分についてつぶやきます。

lover of all things food
食べるの大好き（食べるのが生きがい）

Music is always my best friend.
音楽はいつでも親友。（音楽大好き）

"Life moves pretty fast." So I don't want to miss out on anything in life!
「人生はとにかく早く過ぎていく」。だから、私は人生のどんなことも逃したくない。

Focus. Achieve. Conquer. That's my rule.
集中、実践（やり遂げる）、制覇（ものにする）！　それが私のルール。

"When life gives you a hundred reasons to cry, show life that you have a thousand reasons to smile." Love this idea.
「人生には何度も泣きたいときがある。でも人生はそれ以上に微笑みをもたらしてくれる」
この考えが好きです。

"Pain is only temporary but victory is forever."
「苦しみは一瞬。だが、勝利は永遠」（スポーツについての引用句）

「主婦」を名乗るときの注意

「主婦」を名乗るときは、homemaker が一般的です。housewife は career woman「働く女性」の対義語で、「働かないただの主婦」という意味合いが強くなるので避けましょう。また full time mom「フルタイム・ママ」という表現もありますが、こちらは part time（バイト）と full time（正規・フルタイム）という対比からくる言葉になるため、「ママ業を頑張ってる」というニュアンスで、専業主婦とは限りません。a full-time, stay at home mom となると子どもを持つ専業主婦という意味合いが強くなります。ほかにも full time college student（れっきとした学生）、full time artist（プロのアーティスト）などと使います。

第 2 章
日々のつぶやき

日常生活についてつぶやいてみよう。

Tweet about everyday life

日々のつぶやき
Part 1

～まずは1日の行動をつぶやいてみよう

さて、それでは実際に自分の日常についてつぶやいてみましょう。
Part1では朝起きてから寝るまでのツイート表現をご紹介します。
まずは英語でのツイートに慣れるための準備体操として、朝起きてから寝るまでの基本的な行動をつぶやいてみましょう。
シンプル、かつ身近なことから始めるのが大切です。
無理せず、まずは英語のパターンに感覚を慣らしていきましょう。

①朝起きる→②家を出る→③～へ向かう途中→④今、どこにいる→⑤帰る、家に着く→⑥寝るまで
それぞれ5パターンのツイート表現をご紹介します。
パターンに慣れたら、［日常生活の単語集（P24～25）］などを活用し、さらに自分なりのアレンジを加えてみましょう。

朝起きる

今、起きた。おはよう！	Just got up. Good morning!
寝坊した…あああ!! つぶやくヒマなし!!!	Overslept... ughhh! No time to tweet!!!
寝坊するところだった。	I almost overslept.
二度寝しちゃった。	I went back to sleep.
仕事／学校に遅れちゃう！	Late for work/school!

POINT 解説
No time to do =「～するヒマなし」。また Time to do で「～する時間だ」という意味。go back to sleep =「もう一度寝る（＝二度寝）」。

家を出る

仕事／学校へ行ってきます。 ため息。	Going to work/school. *sigh*
友達と映画に出かけます。	Off to see a movie with a friend.
今、家を出るところ。	I'm just leaving home.
8時までには家を出なくちゃ。	I must be out by 8 am.
仕事に行く時間だ。	Time to leave for work.

POINT 解説
I'm about to leave home.「もう、出るよ」とすると、さらに瀬戸際なニュアンスになります。また off to do =「～するために出かける」という意味。さらに Off to [場所] (to do) で「(～するために) [場所] へ出かける」とも言えます。

〜へ向かう途中

駅に向かってるところ。	Heading for the station.
出勤／通学の途中。	On my way to work/school.
電車／地下鉄に乗ります。	Getting on the train/the subway.
バスで出勤なう。	On the bus to work.
電車待ちなう。	Waiting for a train.

> **POINT 解説**　head for［場所］＝「［場所］へ向かう」。On one's way to do/［場所］＝「〜しに行く途中／［場所］へ行く途中」という意味になります。

今、どこにいる

駅なう。	Now at the station.
東京なう。	Now I'm in Tokyo.
会社に戻るなう。	Now back at the office.
地下鉄／電車／バス。	On the subway/the train/the bus.
家でくつろいでる。	Hanging out at home.

> **POINT 解説**　hang out＝「ぶらぶらする、仲間と遊ぶ、くつろぐ」という意味で、Hanging out in Shibuya.「渋谷でぶらぶらなう」や Hanging out with my friends.「友達と一緒に遊ぶ」と使います。

帰る、家に着く

（仕事）終わった！	I'm done!
へとへと。家に帰るなう。	I am beat. Going home now.
家に帰る時間。	Time to go home.
帰宅途中。	On my way home.
ただいま！	I'm home!

POINT 解説　「帰宅した」はほかに、I've just got home.=「帰宅ったー」、I got home. ／ Back home.＝「帰宅」という表現もあります。

寝るまで

疲れた。居留守使っちゃおう。	I'm tired. I'll pretend I'm not home.
寝落ち寸前。	Almost falling asleep.
眠すぎて、テレビも見られない。	Too sleepy to watch TV.
明日の用意をして、もう寝ます。	Preparing stuff for tomorrow and going to bed.
お休みなさい、いい夢を！	Good night and sweet dream!

POINT 解説　pretend は「〜のふりをする」という意味です。また、Too 〜 to do は「〜すぎて、…できない」というフレーズ。Too tired to cook.「疲れすぎて料理は無理」などと使います。

日常生活の単語集

●朝、起きてから

暖房／エアコンをつける	turn on the heater/air conditioner
窓／カーテン／雨戸を開ける	open the window/curtains/shutter
シャワーを浴びる	take a shower
歯を磨く	brush one's teeth
ひげをそる	shave
髪をセットする／とかす	do/brush one's hair
イヌ／ネコに餌をやる	feed the dog/cat
チラシをチェックする	check the flyers
戸締まりをする	lock the door
～まで車で（人）を送る	drive（人）to ～
（人）を見送る	see（人）off

●家事

朝食／お昼／夕食を作る	make breakfast /lunch/dinner
食器を洗う	do the dishes
洗濯をする	do (the) laundry
洗濯物を干す／取り込む／たたむ	hang out/take in/fold the laundry
部屋の模様替えをする	redecorate one's room
衣替えをする	change clothes for the new season
アイロンがけをする	iron
家／部屋の掃除をする	clean the house/room
植木に水をやる	water the plants
ゴミを出す	take out the garbage
おもちゃをしまう	put away the toys
花壇の草むしりをする	weed the flower bed
夫／妻／子どもたちを迎えに行く	pick up one's husband/wife/kids

● 通勤・オフィス

(電子マネー) をチャージする	top up one's [カード名]
列に並ぶ	stand in line
電車に駆け込む	run onto the train
電車でうとうとする	drop off on the train
電車/バスを〜で乗り換える	change trains/buses at 〜
接客する	meet a client
プレゼンの準備をする	prepare for one's presentation
書類をファイルする	file papers
電話で情報を集める	call for information
ネットで調べる	do some research on the Internet
〜に直行する	go directly to 〜
パソコンを立ち上げる	start up one's computer
プリントアウトする	print out
(一部/何部か) コピーする	make a copy/some copies
予約する	book
求人広告欄で探す	look in the classified ads
転職する	switch jobs

● 夜、寝るまで

乾杯する	make a toast
一杯ひっかける	grab a drink
割り勘にする	split the bill
タクシーをつかまえる	catch a taxi
自転車に乗る	ride a bicycle
くつろぐ	relax
テレビを見る	watch TV
化粧水をつける	put on some lotion
夜ふかしする	stay up late
お風呂をわかす/湯をはる	heat water for a bath/fill the bath

❷ 日々のつぶやき part I

あいさつ&離脱の表現

ツイッターは日常会話とほぼ同じ。一日のあいさつも気軽に Good morning. や Hello. など普通のあいさつ表現で OK です。国境をまたいだやり取りですから、時差もあります。その場合は、Hi.「ハーイ」というカジュアルなあいさつが万能です。またツイッターならではのお友達表現として Twitter friends「つい友」をプラスしてもいいですね。

また離脱の表現ですが、I'm leaving. だと「出かけます」という意味になるのでニュアンスがズレてしまいます。英語ツイッターでは、「またすぐ戻るね」「またね」「またあとでね」「じゃあ」など会話のさよなら表現が離脱の表現として用いられています。

〈あいさつ表現〉

Hi, Twitter friends! / Hi, guys!	やあ、みんな！(guysと複数の場合、女性にも使えます)
Hey there.	やあ。
Hi, nice to meet you!	ハーイ、はじめまして。
Look forward to your tweets.	あなたのツイート、楽しみにしてます。

〈離脱の表現〉

See ya!	(カジュアル) またね！
See you.	またね。
I'll be right back. (BRB/brb)	すぐ戻るね。(ちょっと離れます)
Tweet you later.	またあとでね。
Talk to you later.	またあとでね。
Time to go out. Bye for now!	出かける時間だ。じゃあね！

日々のつぶやき

Part ❷

～さらに詳しくつぶやいてみよう

基本的な日常生活のパターンに慣れたら、次は見たものや触れたもの、そして好きなことについてつぶやいてみましょう。

Part ❷では、気軽な天気のつぶやきから、食事、ショッピング、エクササイズ、旅行、ペットに関する表現を集めました。

「こんなことつぶやいてみたい」と思ったら、さっそくまねしてつぶやいてみましょう。何度もまねすることで、次第にその表現が染みついてきます。少し長めのツイート表現もあります。短い一言表現も大切ですが、英語の感覚を身につけるためには、ある程度の長さの一文をまねすることが大切です。文法や英語の自然な語順などが自然と身につき、海外のツイートを読む力もアップします。

また、この章では、なるべく省略文字は使用せず、日常会話でそのまま使えるツイート表現を意識しています。そのまま声に出して読み、ぜひ会話の練習にも活用してください。

そして、「もっとこういう表現を知りたい」「この単語はどうやって使うのだろう」と感じたら、ぜひツイッターで表現を検索してみてください。きっと「なるほど、ネイティブはこうやって表現するのか」という発見があるはずです。[日常生活の単語集（P24～25）]や「食事にまつわる単語集（P50～51）」などもあわせて活用し、さらに自分なりのアレンジを加え、表現の幅を広げてみましょう。

天気・気候について

"How's the weather?"「天気はどうですか?」—— 気軽に交わせる天気の話題。
気温の変化や季節、そして日々の天気についてつぶやいてみましょう。

季節はずれの暑さ。/季節はずれの寒さ。
**It's hot for this time of year./
It's cold for this time of year.**

こんなに早く雪が降るなんて、おかしい。
この異常気象は、地球温暖化が原因?
**It's strange to snow this early.
Is global warming behind
this odd weather?**

もう秋なのに、夏のように暑い。変だ。
Fall has come, but the summer heat remains. Strange.

まだ冬なのに、春のような暖かさ。
Winter is still here, but it feels as warm as spring.

今年の夏は、非常に暑かった。
This summer was extremely hot.

今年の冬は、寒くなりそうだ。
It seems this winter is gonna be really cold.

❶ 天気予報などで寒くなることを聞いた時は、伝聞の動詞 hear と be supposed to do を使います。
I hear it's supposed to be really cold this winter.「今年の冬は寒くなるらしいよ」

日に日に涼しくなってる。さよなら夏ってことね。
Getting cooler every day. Bye-bye summer, I guess.

わあ、夜のうちに雪が降ったんだ! 一面雪に覆われてる!
**Wow, it snowed overnight!
Everything is blanketed with snow!**

今日はすごくいいお天気！ オフィスで仕事なんて残念。
Beautiful day today! Pity I have to be in office.

どしゃ降り。なんで休みの日に雨になるの!?
It's pouring. Why does it have to rain on my day OFF!?

風！ 何このすごい風！
The wind! What's with this gusty wind!?

やだ、雷が鳴ってる。あ、また光った！
Oh, no, it's thundering. Ooh, another flash of lightning!

すがすがしい朝。雲ひとつない空！
Crisp morning. Not a cloud in the sky!

今日はじめじめしてうっとうしい。ちょっと息が詰まる感じの空気。
It's so muggy today.I think the air will choke me.

❶ muggy は、じめじめして空気がまとわりつくような感じで「うっとうしい」の意味。

空にたくさんフワフワの白い雲。なんだかおいしそう。
Lots of fluffy white clouds in the sky today.
They look delicious.

また曇りかぁ。なんか気分もどんより。
Another overcast day. Puts me in a gloomy mood.

❶「また曇りかぁ」「また雨だ」など同じ天気が連日続いたら、Another overcast day. Another rainy day. など Another [　] day と表現します。cloudy は曇りでも「雲がある」という意味で、さらに曇っているのが、overcast「どんより曇っている、本曇り」になります。
❶ gloomy は「どんより、憂鬱な」という意味。gloomy skies「どんよりした曇り空」ということもできます。
また [　] put(s) me in a gloomy mood. は「[　] のせいで気分どんより」という定番フレーズになります。

空が夕焼けでピンクっぽいオレンジ色。きれい。
The sky is turning pinky orange with the setting sun.
Beautiful.

天気が悪くても、明るくコメント！

雨が多いイギリス。Another overcast day.「また曇りか」、Another rainy day.「また雨か」とやはり天気についてぶつぶつ不満を漏らすことも多くなります。日本でも梅雨の時季などは、連日の雨につい文句が言いたくなるもの。そこで、そんな雨降りの文句に、ちょっとユーモアを交えて返してみるのはいかがでしょうか。イギリスでよく耳にする雨降り表現をご紹介します。

"I think it'll clear up later."
そのうち天気もよくなるさ。

"Never mind. It's good for the garden."
気にしないで。お庭には恵みの雨。

"At least my tomatoes will be happy."
少なくともうちのトマトは喜ぶだろう。

"The sun's trying to come out."
太陽のやつも、顔を出そうと頑張ってるんだけどね。

"It's finally decided to rain."
ついに雨のやつ、降るぞって決意したのさ。(気合いの入ったやみそうもない雨に)

悪天候のお天気表現

It is going to rain.	雨になるだろう
It's pouring.	どしゃ降り
It's drizzling.	霧雨
Those clouds are a bad sign.	雲行きが怪しい
What miserable weather!	泣きたくなるような天気！(ひどい天気のとき)
It's crazy weather.	気まぐれな天気
It's going to freeze tonight.	今夜は寒くなるらしい
It's forecast to rain.	予報では雨だって
It's windy.	風がある
When will it stop raining?	雨、いつになったらやむのかしら？

どんな服装してる？

"How is it outside?"「外はどんな感じ？」
——天気といえば、気になるのが服装。気温と服装にまつわる表現を集めてみました。

本当に蒸し暑い！ 長袖より半袖がちょうどいいね。
It's really muggy today. I'd better wear a short-sleeved shirt instead of long-sleeved one.

今日は昨日よりぐっと寒い。間違いなくダウンジャケット日和だね。
It's much colder than yesterday.
It's definitely the day for a down jacket.
❗ It's the day for... =「〜の日和、〜のためにあるような日」という意味。definitely =「間違いなく」で強調しています。

なんでお気に入りの靴を履いている時に限って雨が降るかなぁ。
勘弁して！ スエードのヒールが台無し…。
Why it rains whenever I wear my favorite shoes?
Come on! It's gonna ruin my suede high heels...

可愛い傘を買った。早く使いたいから雨降らないかなあ。
I got a really cute umbrella, and can't wait to use it.
Hope it rains soon.

帽子と長袖シャツを持ってくるんだった。この日差しじゃ焼けちゃう！
I should have brought my hat and long-sleeved shirt.
That bright sunshine will burn my skin!

洋服がびしょびしょ。豪雨のヤツ！
My dress is soaking wet. Damn you rain storm!

外が寒かったから暖かいコートを着た。電車に乗ったら電車の中がすごく暑くて、汗ダラダラなんですけど。
It's cold outside, so I put on a warm coat. Then I got on the train and it was really warm inside. I sweat like hell.
❗ like hell =「死ぬほど〜」というときの表現です。work like hell「死ぬほど働く」、run like hell「必死で走る」などと使います。

えっ!体温、98度って!? 華氏と摂氏の温度表示に注意!

My temperature is about 98 degrees.「体温は、だいたい98度だね」そう聞くと、「えっ? それは人間の体温としてあり得るの!?」と思わず驚くかもしれません。これは日本がCelsius セルシウス度(摂氏度、℃)を採用しているのに対し、アメリカではFahrenheit ファーレンハイト度(華氏度)を使用しているからです。またイギリスでもメディアなどでは摂氏度を使うこともありますが、日常生活では華氏度で表すことが多いようです。ちなみに華氏98度は、だいたい36.6℃ぐらいになります。

気温の表示方法
華氏= 98 degrees Fahrenheit (98 deg F), 摂氏= 36 degrees Celsius (36 deg C)

摂氏と華氏の生活温度

氷点 (Freezing point of water)	華氏32度 (deg F) ー 摂氏0度 (deg C)
沸点 (Boiling point of water)	華氏212度 (deg F) ー 摂氏100度 (deg C)
室温 (Room temperature)	華氏65〜68度 (deg F) ー 摂氏18〜20度 (deg C)
暖かい天気 (Nice warm weather)	華氏72〜81度 (deg F) ー 摂氏22〜27度 (deg C)
極寒の天気 (Cold frosty weather)	華氏0度 (deg F) ー 摂氏-18度 (deg C)
平熱 (Normal body temperature)	華氏98.6度 (deg F) ー 摂氏37度 (deg C)

欧米人は日本人に比べて平熱が高いという点も服装の違いに表れているようです。
華氏100度を超えたら、いわゆる"熱"となり、治療が必要な体温だといわれています。

暑さと寒さの形容表現 (※表示温度は大まかな温度です)

華氏0〜10度台 (-17〜-12℃)	極寒 extremely cold
華氏10〜30度台 (-12〜-1℃)	かなり寒い very cold/ 凍えるような寒さ freezing/ 霜が降りる寒さ frosty
華氏40度台 (4〜10℃)	厳しい寒さ nippy/ 寒い cold
華氏50〜60度台 (10〜20℃)	肌寒い chilly/ 涼しい cool / 穏やかな mild
華氏70〜80度台 (21〜31℃)	暖かい warm/ 蒸し暑い muggy/ 暑い hot
華氏90〜100度 (32〜38℃)	かなり暑い really hot/ バカみたいに暑い crazy hot
華氏100度台〜 (38℃以上)	猛暑 extremely hot

我慢できない天気のときは、
This weather is killing me !「この天気に殺されちゃう!」
とツイッターで叫んでみてもいいですね。

食事に行く

"What are you eating now?"「今、何食べてる?」
——食べに行く前に、ちょっと一言つぶやいてみましょう。

[　]とランチ／ディナーに行ってきます。
Going lunch/dinner with [　].

[　]で朝食／ランチ／ディナーなう。いい雰囲気。
Having breakfast/lunch/dinner at [　]. It's got a nice atmosphere.

ちょっと食べてくる！　またあとで話そうね。(＝離脱します)
I'm off to grab a bite! Talk to you later!

ちょっと腹ごしらえしなくちゃ。一日何も食べてなかった！！
I need to grab a bite. I didn't eat all day!!

[店名]は満員だった！　予約しておくべきだった。
[　] was packed! I should have made a reservation.
❶ should have ＋過去分詞は「～しておくべきだった (でもしていない)」という後悔を表す表現です。

で、[スロベニア料理]ってどんな感じ？　試してみるべき、それともやめておくべき？
So, what's [Slovenian food] like? Should I give it a shot, or not?
❶ [　] には聞き慣れない料理の名前を入れてみるといいでしょう。答えが返ってくるかも。
❶ give [　] a shot で「[　] を試してみる」という意味になります。

[店名]なう。ここの[飲茶]はすごい美味しいらしい。どうかな？
Am at [　]. The [dim sums] here are supposed to be really good. I'll see.
❶ [　] には口コミ情報などで評判の店の料理名を入れてください。

六本木のバーでまったり。誰か来ない？
Chillin' at a bar in Roppongi. Anyone care to join me?
❶ care to do で「～したい」という意味。(Do you/Does anyone) care to join me (us)？で、「あなた／誰か、仲間に入らない？」、つまり「来ない？」と気軽に誘う時のフレーズになります。

食事の感想

"You are what you eat." 「食べたものがあなたになる」
——ということで、食事の感想をつぶやいてみましょう。

お腹いっぱい。食べすぎた。
I'm full. Ate too much…

料理は［おいしかった／とてもおいしかった／信じられないくらいおいしかった］！
The food was [tasty/excellent/magnificent]!
❗ P50 〜 51 の単語集を使って料理の感想をツイートしてみましょう。

これって食べ物？
Is this supposed to be food?

口の中でとろける神戸牛。うーん、たまらん。
Kobe beef just melts in your mouth. Ecstatic.

［神戸牛］なんていいから［松坂牛］食べてみなって！
Forget [Kobe beef]. Try [Matsusaka beef]!
❗ Forget [A]. Try [B]. ＝「［A］は忘れて、［B］を試して」。さらに美味しいものをオススメするときの表現です。

さようなら回転ずし、こんにちは本物のお寿司屋さん。
Goodbye conveyor belt sushi, hello REAL sushi restaurant.
❗ Goodbye [A], hello [B] ＝「さようなら［A］、こんにちは［B］」は「A は卒業して、B に行く」というちょっとした成長、次のステップへ進んだという気持ちを伝える表現です。学校名を入れれば進学、会社名を入れれば転職と、状況にあわせて活用してみましょう。

オエー。何を口に入れたのかわからないけど、嫌い！
Eew. Whatever I just put in my mouth right now, I HATE it!

こぢんまりしたビストロで女子会。すごく幸せで楽しいひと時だった!! ありがとう！
Had a girls' night out at a cozy bistro. We had a happy & fun time!! Thanks!
❗ a girls' night out ＝「女子会」。a wrap party ＝「打ち上げパーティー」

ショッピングに行く、買う

"What is the best color for me?"「私に一番似合う色ってどれだろう?」
——まずはショッピングに行く、買うについてつぶやいてみましょう。(さらにファッション関係のつぶやきは、P88〜94へ)

友達とセールに行きまーす。
Going to a sale with friends.

デパートで物色中。
I'm on the hunt at a department store.

ネットで買い物なう。
Shopping on the Internet.

初売りに福袋を買いに行くぞ。
Going to a New Year sale to buy lucky grab bags.

初売りに行ったら、ものすごい人。疲れた!
The New Year opening sale was packed. I'm exhausted!
❶ be packed =「満員、人が詰め詰めの状態」。お店が満席、満員電車などでも使います。

買い物行ったのに、収穫ナシ。
Went shopping, but found nothing.

[ ]はぼったくりだ! 高すぎ!
[ ] is a rip-off! Too expensive!
❶ a rip-off =「ぼったくり」。反対に「妥当な金額、(高いけど)有益」は money spent-well になります。

新しいコートに合うバッグが欲しい。
I want a bag to go with my new coat.

もうすぐ友人の結婚式。新しいワンピースを買いに行かなくちゃ。
Going to my friend's wedding soon. I've got to buy a new dress.

かわいいセーターを発見。でもセールまで我慢!
Found a cute sweater. But I have to wait till it's on sale.

この前買ったセーターの色違い、買っちゃおうかな。
I think I'll buy the same sweater I bought the other day, but in a different color.

あ〜あ、セールでお金使いすぎちゃった。
Oh, no! I spent too much at a sale.

買うつもりなかったのに、スカート買っちゃった。
I didn't intend to buy anything, but I came home with a new skirt.

❶ intend to... =「〜するつもり、〜を意図する」。「そんなつもりはなかった」と自分の意図から外れたときは、I didn't intend to... を使いましょう。

セールで目当てのセーターをゲット。やった!　お買い得だった!
Bought the sweater that I really wanted at a sale. Yay! A bargain!

❶ a bargain =「格安で買えたこと、お買い得品」。日本のバーゲンは sale になります。また、「安い」ときは、a very good price「とてもいい価格」と言います。cheap は「安っぽい、安物」というニュアンスが強いので注意。また reasonable は、品質のわりには手ごろな価格の時に使います。

今月は買い物控えるぞ!
Cutting down on shopping this month!

素敵なコートがあった。でも、もう一晩考えよう。
I found a nice coat, but I'm going to sleep on it.

念願のバッグ、ボーナス一括払いで購入!
I paid for the bag I really wanted with my bonus.

あの店の接客は最悪。もう二度と行かない!
The store's service was really bad. They just lost a customer!

ジムに行く

"To work out, or not to work out, that is the question."「運動するべきか、せざるべきか。それが問題だ」── 迷わず行ける時もあれば、少し行くのにためらってしまう時もある。そんな気持ちをつぶやいてみましょう。

ジムでストレス発散してこよう！
I'm off to the gym to refresh.

運動不足なので、ジムに行かなきゃ。
I haven't had enough exercise lately.
Gotta get to the gym.

エクササイズに行こうと努力したんだから。ホントに。
I tried so hard to go out for some exercise.
Believe me.

ジムが楽しくなる秘訣、誰か知らない？
Anybody know the trick to have fun at gym?

ダメ、疲れすぎて、もうジムにいく気力ない！
I am too tired to work out.

いつも理由をつけてジムに行かないんだよね。
I always find excuses not to go to the gym.

年頭の誓い。週に一度はジムに行きます。
My new year's resolution:
Go to the gym at least once a week.

忙しすぎてジムに行けない。ストレスたまる！　もう3カ月もジムに行ってないよ。
I am too busy to go to the gym. I'm stressed out!
I haven't been there for more than three months.

運動する

"How can I get a body like [name]?"「どうやったら [　　] みたいなボディになれるの？」
── 憧れのスタイルを目指して頑張る自分を実況ツイートしてみましょう。

とりあえず、散歩。健康とナイスボディへの第一歩。
I'm off for a walk. It's the first step toward a healthy, good-looking body.

❗ 日本語の「ナイスボディ」は、a good-looking body と言うので注意。また「引き締まった体（ナイススタイル）」は、a lean body と言います。「マッチョないい男」は、a good looking (cute) guy with nice pecks。日本語のカタカナ表現と英語にズレがあるので注意しましょう。

10キロ走ったぞ〜！
I ran 10K today. Yeah!

ああ、いい運動だった。
Ahh. That was a great work-out!

3日連続で走った。えらいぞ、私。
I ran three days in a row. Good job, me!

腹筋あと10回！
Let's try to do ten more sit-ups!

痛い！　足つった！
Ouch! I got a cramp in my leg!

1時間走ったあとのビール。うーん、これぞ至福のとき！
I treated myself with a beer after one-hour run. Mmm... heaven!

❗ Heaven! は「これぞ至福の時」という最高の気持ちを表します。

ヨガをすると落ち着く。ヨガが私の活力のもと。
Yoga calms me down. Yoga is the source of my energy.

今日、ベリーダンス・エクササイズに挑戦した。結構きつかったんだよね。
I tried belly dance exercises today. It was pretty hard, actually.

新しいランニングシューズを買った。これで上達するといいけど。
I got new running shoes. Hope they make me a better runner.

かわいいランニングウェアを買った。ヤッター！
I got a cute running outfit, yay!

しまった！ シューズ忘れた。
Oops! I forgot to bring my gym shoes.

3カ月もトレーニングしたのに、効果確認できず。意味あるの？
I don't see any improvement after 3 months of training. Is it working?

うわっ、あの人、自分の筋肉にみとれてる。
Yikes! That guy can't take his eyes off his own muscles.

部屋にはエクササイズDVDの山。もう1年以上も触ってないよ。
There is a pile of exercise DVDs in my room. I haven't touched them for more than a year.

今朝はいい気分。昨日の夜のヨガのおかげかな。
I feel great this morning, thanks to last night's yoga.

週1でジムに行ったかいあって、下半身が大分締まってきた。
I've been working out at the gym once a week. Now I noticed my lower body is getting toned!

❗ get toned は「体が引き締まる」という意味。進行形にすると「だんだん成果が表れている」感じが出せます。また、tone up... で「〜を引き締める」という意味になります。I want to tone up my lower body.「下半身を引き締めたい」。また「体を鍛える」は get in shape になります。

最初はつらかったけど、だんだんジョギングが楽しくなって、気がついたら3カ月で3kgやせてた！ ヤッター！
I didn't like to jog at first, but it gets more fun as I continue. Three months later... I lost 3 kg! Yay!

旅行に行く｜旅行の準備

"I hate packing!"「ああ、パッキングって嫌い！」
——旅の準備は何かと大変。出発前の気持ちをつぶやいてみましょう。

パリへの旅行、すぐにでも行ったほうがいいかも（思い立ったが吉日）。まじめに考え中。
I need to plan a trip to Paris real soon. **thinking**
❗「今の私には必要かも」という気持ちを表す時は need を使います。「〜しなければならない」（義務感が含まれる）の have to や must よりも柔らかい表現です。また願望を表す「〜したい」の場合も、need のほうが、「ただ行きたい」というより「必要性がある」というニュアンスを含ませることができます。

さあ、楽しい旅に行ってきま〜す。（私自身、旅の準備は整った）
Readying myself for a nice trip!
❗ readying myself for/to do で「〜のための／〜する自分の準備は整った」という意味。心の準備はOKという気持ちを表します。主にツイッターでよく見かける表現です。

パスポートよし。クレジットカードよし。パッキング完了！
Passport? Check. Credit card? Check. OK, packing's done.

勘弁して！　何を持っていけばいいの？　もっと早くパッキングを始めればよかった。寝られないよ。
OMG! I don't know what to pack. I should have started packing sooner. I won't get any sleep tonight.

旅行で一番イヤなのがパッキング。
Packing is the worst part of taking a trip.

買い物しまくっちゃった場合に備えて一番大きなスーツケースにしよう。
I'll use the largest suitcase just in case I have an acute shopping attack.

9月のNYってセーターは必要？
Do I need a sweater in NY in Sep.?

パッキングして、いろいろな用事をさっさと済ませて、そしていよいよ…ドライブ旅行!!
この瞬間がたまらない！（私を幸せにしてくれる）
Packing, running errands, and then… ROAD TRIP!!! This makes me so very happy.
❗「車で出かける旅行、ドライブ旅行」は road trip です。

旅行に行く | 旅行中の感想

"Have a safe trip and have fun!"「安全な旅を、楽しんできてね！」
—— 旅に行く友達にはこの言葉で送り出してあげましょう。そして、いざ旅に出たら、ちょっとしたことをつぶやいて報告してみましょう。

すごくいい天気！　バカンスの幸先いいぞ〜！
It's really a fine day! Good start for my vacation, yay!

この街、素敵な公園がいっぱい。
There are so many great parks in this town.

お土産物色中なう。
I'm on a souvenir hunt now.

すごい景色！　思わず息をのむ！
What a view! It's breathtaking.

参った！　フライトがキャンセルになったよ。どうしよう。
Oh no! My flight was canceled. What can I do??

タイムズスクエアに来たぞ！
Times Square, here I come!

ブロードウェーのチケットを買うためにTKTSで行列中。いい席取れるといいけど。
I'm in line at TKTS to get a ticket for a Broadway show. Hope I can get a good seat.

アメリカでかい。空も大地も、もちろん食べ物もね。激うまハンバーガーを堪能中。うまい！
America was huge. I mean the land, the sky and the portions. I'm having a killer hamburger. Yum!

このレストランはおススメ。ご飯はおいしいし、お店の人たちもすごく感じいいよ。
**You should come to this restaurant.
The foods are great and the people are super nice!**

パリなう！　なんで街全体がおシャレに感じるんだろう？
I'm in Paris! Why is it that the whole city feels so chic?

フィレンツェ大好き。街中が美術館みたい。
I love Florence. The whole city is like an art museum.

プラハの旧市街地を歩くの大好き。すごくロマンティック。
Love walking around Prague's Old Town. So romantic.

ローマの空港には白タクがいっぱい。
運転手が自分の車に引っ張っていこうとする。ちょっと怖い。
**So many unlicensed taxi cabs at the airport in Rome.
Drivers come up and try to lead you to their cars.
Bit scary.**

明日はザルツブルグ。「サウンド・オブ・ミュージック」の世界へいざ！
Off to Salzburg tomorrow. "Sound of Music", here I come!

❗ ロケ地などを訪問する時は、"作品名", here I come!＝「いざ、『○○』の世界へ」が使えます。

プーケット到着。スパが楽しみ！
Arrived in Phuket. Looking forward to the spa!

❗「〜が楽しみ！」は Looking forward to... が便利。I can't wait!「待ちきれない！」もよく使われます。

マドリードのスリには気をつけること。
可愛い子どもに見えるかもしれないけど相手はプロです。
Beware of the pickpockets in Madrid. They might look like cute kids but they are professionals.

ビンタンはシンガポールからフェリーで 45 分ほど。素敵なビーチリゾートです。
**Bintan is about 45 minutes from Singapore by ferry.
A very nice beach resort.**

旅行に行く | 帰宅後、旅の感想

"Hey guys, I'm home!"「みんな、ただいま!」
—— 旅から帰ってきた感想や旅で出会った友達へのメッセージをつぶやいてみましょう。

やっと家に着いた。楽しかったけど死ぬほど疲れた〜。
I'm home, finally. It was fun, but I'm dead tired.

❶ I'm dead tired.「死ぬほど疲れた」。似た表現で、I'm wiped out.「めちゃくちゃ疲れた。グッタリ」があります。I feel wiped out and I don't know why.「なぜだかわからないけど、グッタリする」

バリ旅行が懐かしい。
Missing my Bali trip.

さて、現実に戻ったぞ。
Now back to reality.

僕の休みは、正式に終わってしまったよ…。
My vacation is officially over...

もっといたかったな。休みはすべてを癒してくれる。
I wanted to stay longer. Vacation heals all things.

早く次の休みが来ないかな。心がすでに次の休みを求めてる!!
I need another vacation really soon. My heart already needs it!!

パリの旅は最高の1週間だった。満喫!
It was a great one-week trip to Paris. I had a blast!

❶ I had a blast!は「最高だった!」という意味。最高の感動を表す表現です。

帰ってきたけど変な感じ。なんだか、素敵な夢の世界を漂ってる感じ。
It feels strange to be back! I feel like I'm still floating in a wonderful dream.

タイ旅行はすごくよかった。滞在も楽しんだし、また行きたい！
My trip to Thailand was very nice, I enjoyed my stay, would like to go again!

ロンドンでは楽しいことばかりだった。
I enjoyed every moment of my stay in London.
❗ enjoy every moment of... は「〜のすべての瞬間を楽しむ」という意味で、「何もかもが楽しい」という気持ちを表現します。

ご飯がおいしかった。食べまくっちゃった。はい、太りました。
Food was amazing. I kept feeding myself. Yes, I put on weight.

バケーションですごくリフレッシュした。さあ、仕事に戻る準備万端…なわけないだろ！
**I was really refreshed by this vacation.
Now I am ready to go back to work… not!**

次のバケーションにはバリがおススメ。すごくいいところだよ。
**I strongly recommend Bali for your next vacation.
It's a great destination.**

あんなにたくさんの星見たの初めて。言葉もなかったよ。
I have never seen that many stars in the sky. Speechless.

現地のご飯や文化を知ってる友達ってありがたい。滞在の楽しさ倍増だよ。
**It's nice to have a friend who knows local food and culture.
She/He made my stay way more interesting!**

友達ができた。ありがとう！　すごーく楽しかった！
I made new friends. Thank you, guys! I had an amazing time!

NYでの旅を助けて、素晴らしい思い出をくれたみんな…
本当に大好きだ。もうすでに会いたいよ。
**To all who helped me make my trip to New York such a wonderful experience… I love you all.
I already miss you.**

また会いたいね！　次は日本に来てね。歓待するよ！
**We have to get together again soon!
Please visit me in Japan next time. I will treat you well!**
❗ We have to get together again soon!「また会いたいね」は直訳すると「またすぐに会わなくてはならない」ですが、「絶対会おうね！」という気持ちの強さを表すことができます。

One more phrase! その❷

ツイッターのクジラは"彼"か"彼女"か？
~ Is twitter whale a she or a he?

ツイッターがオーバーロードしたときに現れるクジラ——通称 Fail Whale。日本でもクジラが出ると「クジラだ」「また出た」など話題になりますが、海外ではかなりの人気者でオリジナル・グッズ、Tシャツやファンクラブまであるほど。大きなクジラを8羽の鳥がせっせと運んでいることから、クジラが出ると Eight Birds trying to carry a Fat Whale and Fail.「8羽の鳥が、太ったクジラを運ぼうとして失敗したぞ」というツイートがTLに並びます。

また、あのクジラは彼 he なのか、彼女 she なのか論争も交わされて、「かわいいから女の子」「オスだったら小鳥に運ばれるなんて情けない！」など話題になっています。

それでは、Fail Whale が出現したときのツイート表現をご紹介しましょう。

Eight Birds trying to carry a Fat Whale and Fail.
8羽の鳥が太ったクジラを運び損ねたぞ。

Got the Fail Whale again.
またクジラが出た。

I'm a newbie here. Fortunately, I don't know the Fail Whale yet.
まだツイッターを始めたばかり。幸い、まだクジラに遭遇したことない。
※ newbie =「インターネットの初心者ユーザー」⇔ oldbie =「ベテランユーザー」

The Fail Whale is no more.
クジラ、もう大丈夫みたい。（いなくなった）

Haven't seen a Fail Whale in days.
ここんとこ、クジラ、見てないな。

ペットについてつぶやく | Dog Lovers イヌ派

"I'm a huge dog lover!"「とにかく犬が好き!」── 愛犬との日常をつぶやいてみましょう。
自己紹介は次のようにします。Mine is a [male/female]([boy/girl]) called [　].
うちのイヌは [オス／メス] で、名前は [　] です。

散歩なう。／散歩から帰ってきたとこ。
Taking the dog for a walk now./
Just got back from a walk with the dog.
❗「散歩から帰ってきたとこ」は単純に過去形で Just walked my dog. と言うこともできます。

一日中、犬とまったり。
Chillin' with my dog all day.

犬の肉球がたまらなく好き。
Love doggy paw pads!

散歩に行きたそうな顔された。せがんでるみたい。
[My dog/He/She] has that begging look on [his/her] face.
[He/She] wants a walk.

おなかをナデナデしてほしいらしい。超かわいい！
[My dog/He/She] is begging for a tummy rub. So adorable!
❗ adorable はとにかく愛らしくてたまらなくかわいいものに使う形容詞です。もちろんネコにも使います。小さな子どもやペットなどによく使う表現です。

ごろごろ変なカッコで寝てる。(横になってる)
[My dog/He/She] is lying around the house in funny poses.
❗「変なカッコで眠ってる」というときは、[My dog/He/She] is sleeping in a funny position.

犬がぬいぐるみを噛みまくってる。何でそんなに好きなの？
[My dog/He/She] is chewing up a plush toy.
Ever wonder why dogs go crazy for those?

おやつちょうだいって目してる。
[My dog/He/She] is begging me for a treat.

嬉しくて、シッポどころか体ごと振って大喜び！
[My dog/He/She] is so happy, dancing around and wagging [his/her] whole body!

寝ながらいびきかいてる。バカっぽいけど、たまらなくかわいい！
[My dog/He/She] is snoring in [his/her] sleep. So silly and adorable!

❶ 寝言ならぬ、寝吠え（寝ながら吠えてる）は、[My dog/He/She] is barking/howling in [his/her] sleep. また、「ウケる！」と一言添える場合は、Just so funny. Hilarious! / Way too funny! /lol（= Laugh Out Loud）などがあります。

帰ると、まっすぐにとんで来てくれる。ほんとカワイイ子!!
Dogs are so happy to see you when you come home. [He/She] is the cutest thing ever!

落ち込んでると、そばにきて慰めてくれる。なんて優しいの！
When I'm feeling down, my dog is always beside me cheering me up. So sweet!

具合が悪そう、病院に連れていかなきゃ。（明日、病院に連れて行こう）
[My dog/He/She] seems sick. Am taking [him/her] to the vet now. (Will take [him/her] to the vet tomorrow.)

元気になった。よかった！
[My dog/He/She] gets around fine now. So relieved!

おやつにご満悦。
[My dog/He/She] is eating a yummy snack. Looks so happy.

新しいおもちゃを買ってみた。気に入ってくれるといいな。
Bought a new toy for my dog. Hope [he/she] likes it.

うちのイヌは誰にでも人懐っこい性格。
[My dog/He/She] is just so friendly to everybody.

うちのイヌはおとなしくて人見知りする。イヌにも性格の違いがあるんだなぁ。
[My dog/He/She] is a quiet little character, bashful in front of strangers. Amazing that every dog has its own personality.

ペットについてつぶやく | Cat Lovers ネコ派

"I'm a huge cat lover!"「とにかくネコが好き！」── 愛猫の表情をつぶやいてみましょう。
自己紹介は次のようにします。Mine is a [male/female] ([boy/girl]) called [　].
うちのネコは [オス／メス] で、名前は [　] です。

わたしは断然ネコ派。ネコが大好き。以上っ。
I'm definitely a cat person. I love cats. Period.

今ヒザの上で寝てる。
[My cat/He/She] is sleeping on my lap now.

なんでうちの子はビニール袋をなめるのが好きなのかしら？（その音に）ビックリしちゃう。
Why does my cat love to lick plastic bags? It freaks me out.

あら、うちの子がティッシュの箱から顔を出してる！
Oh! [My cat/He/She] is sticking out [his/her] head from a tissue box!

ネコがひざの上で丸くなってる。すごく可愛いけど、トイレに行きたい、なう！
My cat is curled up on my lap.
It's so cute but I need to go to the bathroom. NOW!

やだ、ネコがお鍋の中でくつろいでる。食べちゃいたいほど可愛い！
Oh, no, the cat's settled into the casserole dish.
It's so adorable, I could eat it!

うちの [　] は地球一可愛くていい子なの。証拠はこちら。【写真へのリンク】
[My cat] is the cutest, sweetest cat on the planet.
Here is the proof: [link to the photo].

なんで、掃除しようと思うと、掃除機の前に寝ようとするのかなぁ～。（邪魔なんですけど）
Why does my cat insist upon lying right in front of the vacuum when I'm trying to clean?

❶ ネコの不条理な行動をつぶやく時に便利なのが、Why does my cat insist upon (on) ~ ing？。
「どうしてそういうことするかなぁ～（邪魔なんですけど）」という気持ちを表現します。insist は、
「主張する」という意味で、我を通すニュアンスを出します。
Why does the cat INSIST on sleeping on my side of the bed?
「どうして、私の横に強引に寝ようとするかな？」
Whhhyyyy does the cat insist on getting on my desk??「なーんで、机に載るかなぁ～」

もう大変。うちの子が全然離れてくれない。このおバカさんは、私のこと相当好きみたい。
OMG, my cat won't leave me alone. This stupid cat loves me.

昨夜、うちのネコが1時間も窓をガリガリしていた。バカなやつです。それでも大好きだけどね。
My cat kept pawing at the window for an hour last night. Stupid cat. But I still love [him/her].

ネコが私の枕に寝とる…というわけで、私、寝れません。
My cat is sleeping on my pillow… so, that's why I can't sleep.

人間を無視するネコが大好き。かと思えば突然すり寄ってくるのも好き。バカだよねぇ。
I just love the way cats ignore you, and then suddenly decide to nestle up to you. I know I'm sick.

ネコってすごい気まぐれ。油断大敵なところが大好き。
Cats are so unpredictable. They keep you on your toes and that's what I love about them.

うちの子は私を呼ぶときに私のヒザを前足でトントンとたたくんだよ。可愛いでしょ。
[My cat/He/She] taps me on the knee with [his/her] paw when [he/she] needs attention. What a cutie!

[ ]の姿が見当たらないときの秘策→ツナ缶を開ければやってきます。
Trick to find [ ] when [he/she/my cat] hides: Open a can of tuna, and [he/she] will come.

ネコがノートパソコンの上に飛び乗った!!! 可愛いお尻で判読不可能な文章打たないで!
THE CAT JUMPED ON MY LAPTOP!!! Don't type stuff no one can understand with your little tushie, pleeeeeeease!

3日間家出していたネコが帰ってきた。死ぬほど心配した。こんなこと二度としないで!
My cat went missing for three days but now [he/she]'s back. I was worried sick. Don't ever do that again!

ヤダ、ネコがスーツケースに粗相した〜。置いてきぼりだったから怒ってるんだ。
Oh no! My cat pooped in my suitcase! [He/She] must be pissed off because I left [him/her] home.

食事にまつわる単語集

● アルコール

（白ワイン／日本酒）甘口	sweet
（白ワイン／日本酒）辛口	dry
（赤ワイン）フルボディ 重め	full-bodied
（赤ワイン）ミディアムボディ	medium-bodied
（赤ワイン）ライトボディ 軽め	light-bodied
（ウィスキーなど）スモーキー 燻香	smoky
（ワイン／日本酒／焼酎）フルーティー 果実味のある（香りなど）	fruity

● 食事

しっかりした食事	heavy meal
あっさりした食事、軽食	light meal
たっぷりした朝ごはん	big breakfast

● 料理の感想

おいしい	good
	tasty
とてもおいしい	great
	excellent
	fantastic
	superb
	delicious
	marvelous
信じられないくらいおいしい	incredible
	magnificent
超おいしい	super
あり得ないおいしさ	out-of-this-world
まずい	bad

最悪	awful
ひどい	terrible
吐きそうなほどまずい	disgusting
	nauseating
変な味がした	tasted funny
食べられなくはない	eatable
まあまあ	okay
イマイチ（もっとおいしいのがある）	could've been better
何かが足りない感じ	it's missing something
新しいシェフが必要	they need a new chef
甘い	sweet
塩辛い	salty
辛い	hot
スパイシー	spicy
ピリッとする、ツンとする	tangy
苦い	bitter
酸っぱい	sour
ジューシー（汁け、果汁、肉汁などが豊富な状態）	juicy
乾燥した、パサパサした	dry
フレッシュ、新鮮	fresh
固くなった（パン）気の抜けた（ビール）新鮮でない（素材）	stale
味がない	flavorless
濃厚、こってり	rich
深い味わい、こくがある	rich-flavored
さっぱりした	refreshing

One more phrase! その ③

「〜しなくちゃ」はhave toよりもneedが自然！

「〜しなくちゃ」と言うときに、思い浮かぶのが義務の助動詞 must か have to だと思います。ところが、この 2 つの表現よりもネイティブがよく使うのが need「〜が必要」です。義務よりも必要性のニュアンスが強く出るので、やらされている感も軽減されます。ざっくりとした感覚で言えば、must や have to が「やっとかないとマズいでしょ」に対して、need が「やっておいたほうがいいね」という感じです。

そして、何よりもこの need はいろんなケースで使える便利な言葉！
次の例を参考に need の感覚をつかみましょう。

> **I need to go.**
> もう行くよ。（行かないと自分が困る）
> > 比較：I have to go.
> > もう行かないと。（行かないと誰かが困る）
>
> **I need to talk to you.**
> ちょっと話があるんだけど。（自分が話したいと思っている）
> > 比較：I have to talk to you.
> > どうしても君に話さなければ。（何か原因があって話さなくてはならない）
>
> **I need to think about it.**
> ちょっと考えてみないと。（何ともね）
> > 比較：I have to think about it.
> > 要検討事項だね。（しっかり考えないと）
>
> **I need you.**
> 助けてほしい。
> **I needed that.**
> それが必要だったんだ。（お気づかいどうも）
> **I really need to stop eating sweets!!**
> お菓子食べるのやめなくちゃ!!（このままじゃまずい）
> **All you need in life is [　].**
> 人生に必要なのは、[　] だけ。
> **No need to worry.**
> 心配する必要はない。

第 3 章
リアクション

ためらわず、素直な気持ちをつぶやこう。

Reaction or Response?

一瞬の気持ちを即時に伝えることができる世界。シンプルな一言から気持ちを発信してみよう

せっかく英語でつぶやくのですから、誰かのつぶやきに自分の気持ちを投げかけてみたいもの。ツイッターの面白さは、やはりいろんな人とのコミュニケーションがとれることなので、その機会を利用しない手はありません。
そのためには、まず相手のツイートや写真などに反応すること。いきなり感想をメンションするのはハードルが高いので、「ちょっと一言」から始めましょう。
本章では、喜怒哀楽に合わせた「ちょっと一言」をご紹介します。
やはり英語圏の人々は感情表現が豊かなため、バリエーションも豊富です。
同じ意味でもいろんな表現があるので、いろいろ試してみてください。

英語には、相手の言葉に対するリアクションを表す言葉として、reaction と response という名詞があります。あえて違いを訳すならば「反応」と「対応」。それぞれの言語感覚をたとえるならば、reaction は試合や闘い。相手の動きに反応して、パンチを出していくニュアンスです。一方、response は、ペアのダンスにたとえられます。お互いの動きを見ながら対応していくニュアンスです。最初は reaction で、がむしゃらにパンチを繰り出すことが大切。そこから次第に相手とダンスするような response のコミュニケーションが始まるのです。
まずは一言、Really? からでもいいので、思った気持ちをつぶやいてみてください！

[同意]

あなたの意見に同意する

主語を省略した場合は、「あいづち」のニュアンスが強くなり、主語を入れた文章にすると「コメント」の色合いが強くなります。〈ノーマル〉表現はビジネスでも使えます。

■ノーマル

その通りだ	Absolutely.
	Exactly.
	That's true.
	Correct.
	Right.
賛成、同感	Agreed.
	I agree.
まったくその通りだ	It's so true.
私もそう思う	I think so, too.
確かに、ごもっとも	That makes sense.
まったく君に賛成・同感	I agree (with you) completely.
大賛成	I couldn't agree (with you) more.
私もそう思わない	Neither do I.
たぶん	Maybe.
	Could be.
そう願う	I hope so.

❶ Correct. は「正しい」という意味。Right. と同じく「その通り」という肯定や同意の意味で使われますが、Right. よりフォーマルな表現。That's correct. とするとさらに理性的な響きになります。

❶ I couldn't agree with you more. は I agree with you completely. と同じ意味なので注意。「これ以上賛成できないほど、大賛成（これからもその意見は変わらない）」というニュアンスの同意表現です。with you は省略してもOK。

■カジュアル

まったくだ	Totally. Completely.
その通り	True.
だよね	Indeed.
それでいい	It's a deal.
右に同じ	Ditto! Likewise.
その通り！	You are SO right!
まったく賛成・同感！絶対そうだよ！	I'm TOTALLY with you!
100％賛成・同感！	I'm with you 100!
わかる。私も同じ	I'm like you.
私も同じ	Same here.
それイイ感じ	That sounds nice.
それいいね、そうしよう	That sounds like a plan.

■笑える

笑える	Funny!
超笑える	Pretty funny!
それ、すごく笑える	That is so funny!
傑作	Hilarious!
それって傑作！	That's HILARIOUS!
（笑）	LOL! (Laughing out loud.)
笑い転げるほど面白い	ROFL! (Rolling on the floor laughing.)
ハハ	HA HA
（爆）	LMAO!(Laughing my ass off.)
（バカバカしくて）ウケる	You're so silly!

■興味深い

いいこと聞いた！	Great info!
知らなかった！	I didn't know that!
いいこと聞いた！	How nice to know that!
すごくためになった	I learned a lot.
なるほど、そういうことか	That explains a lot.
目からウロコ	The scales fall out of my eyes.
そんな話、聞いたことなかったよ	I haven't heard that one before.
今まで見えなかったものが見えた感じ（そういうことか、やっとわかった）	That makes me see the light!
考えさせられる意見だね！（興味深い！）	That's an interesting thought!
考えさせられるなぁ	There's food for thought.
とても興味深い視点だね	You have a very interesting point there.
毎日、新しい発見があるものだね	You learn something every day.
面白いなぁ（感心しちゃう）	Fascinating.
それは初耳だ	That's new(s) to me.

同意しかねる、ちょっと保留

はっきり否定する場合と、言葉を濁す場合 —— 臨機応変に状況によって使い分けてみましょう。

■言葉を濁す

それってちょっと微妙…	That's a bit iffy...
ウーン、言いたいことはわかるけど…	Hmm I see your point, but...
そうかもしれないけど…	That could be, but...
ちょっと寝かせてみる	Let me sleep on it.
ちょっとよく考えさせて	Let me look into it.
そういう見方もあるよね（同意も否定もしない時）	That's one way of looking at it.
それはどうかな	I don't know about that.
それはどうかな	I'm not sure about that.
それはかなり微妙だ（ほとんど同意していない）	Don't be too sure about that.

■はっきりと否定

それには賛同できないなあ	I'll get back to you on that.
いや、それはちょっと違うと思う	No, I'm afraid not.
コメントは控える	I won't comment on that.
違うと思う	I don't think so.
同感とは言えない	I can't say I agree with you.
賛成できないってことに賛成するほかない	We'll have to agree to disagree.
その点については、ちょっと賛成できない	I'm not really with you on that.

One more phrase! その ④

「〜したいなぁ」wantよりも優しい feel like 〜

feel like 〜 [名詞／doing] は「〜な気分、〜したいなぁ」というさりげなく願望をつぶやく表現です。直接的な want「〜がほしい」よりも優しい遠慮がちな響きとなります。また否定形で I don't feel like 〜 [名詞／doing]「〜の気分じゃないんだよね」という表現もよく使います。

ただし、feel like [主語＋述語] と文を伴う形になると「まるで〜のような気がする、〜のような感じ」と、「〜したい」という願望の意味は消えてしまうので注意してください。

それでは、それぞれの用法の例をご紹介しましょう。

feel like 〜 [名詞／doing]

I feel like a cake.
なんか、ケーキな気分。（ケーキ、食べたいな）

I feel like a drink.
なんか、飲みたい気分。

I'm actually so tired, I feel like death.
まじ疲れた、死にたい気分。

I feel like going to sleep now.
ああ、もう寝たいなぁ。

I don't feel like studying anymore.
もう勉強やる気なし。

feel like [主語＋述語]

I feel like I am a zombie.
まるでゾンビになったような感じ。

I feel like I am the king!
まるで天下とった感じ！

When I listen to Mozart - Requiem, I feel like I'm going to war.
モーツァルトのレクイエムを聴くと、これから戦争に行くような気分になる。

感謝の気持ちを伝える

相手がフォローしてくれた時や役立つ情報を教えてもらった時など、シンプルに感謝の気持ちを伝えましょう。

フォローありがとう	Thanks for the follow.
リツイートありがとう	Thanks for the retweet.
フォローバックありがとう	Thank you for following me back.
情報ありがとう	Thank you so much for the info (information).
話（情報と詳細）を共有してくれて、いつも感謝！	I'm always grateful to you for giving me the story!
感謝しきれない！	I can't thank you enough!
本当に感謝！	I really appreciate that!
いろいろ勉強になったよ	I learned a lot.
そう言ってくれてありがとう	That's nice of you to say so.
よろしくご対応ください（先にお礼を言っておきます）	Thank you in advance.
ありがとう	Thanks.

❗ 気軽なやり取りをするツイッターではあまり見かけませんが、英会話などで交わされる丁寧な感謝の表現をご紹介しておきましょう。
I truly appreciate your kind thoughts. お気遣いに心から感謝いたします。
My deepest gratitude for your help. お力をお貸しいただき深く感謝いたします。

❗ Thanks a million. ホント、ありがとう。
こちらもよく見かける感謝の表現ですが、場合によってはありがた迷惑的ニュアンスにもなるので注意しましょう。

"ありがとう"に添える感謝の一言

Thank you! にプラスしてもう一言。感謝の気持ちを添えましょう。

■主に女性か、男性が女性に使う表現

とても優しい	You're so sweet.
サイコーに優しい	You're the sweetest.
なんて優しいの！	How sweet of you!
天使だわぁ〜！	You're an angel!
いや〜ん、ありがとー！	Aww, thank you!
もう、超優しい！	You're a darling!

■男女どちらでも使える一般的な表現

とても親切	You're so nice.
なんて親切なの！	How nice of you!
めっちゃイイやつ！	You're awesome!
君ってサイコー！	You're the best!
まじめに感謝！(命の恩人！)	You're a lifesaver!
めちゃくちゃありがとう！	Thanks a million!

❗「優しい」は nice と sweet。「親切」というとつい kind を思い浮かべますが、こちらは少し形式的な表現。「親切=優しくしてくれた」という時は、nice か sweet を使います。どちらも「思いやりがある、善意の」という意味で、甘〜い感じで感謝を表したい時は sweet。スマートに「イイ人ね」と言う時は nice を使いましょう。

❗You're a darling! :「ダーリン」は恋人同士でなくても使う
女性がよく使う表現で、男女問わず親しい間柄や自分より年下や目下の人に使います。英語でも若干、上下関係があるんですね。

❸ リアクション

心温まるエピソードを聞いて

心温まるツイートを見かけたときの感動の一言をつぶやいてみましょう。

そんなことが！	Oh dear!
ステキな話	That is so sweet!
感動した （心がかき乱された感じ）	Stirring.
心温まる	Heartwarming.
グっとくる	Very touching.
彼女／彼は天使ね （とても優しい）	She/He's an angel!
泣けた	You made me cry!
もう泣きそう	I'm about to cry.
すごく感動	I'm so moved!
感動の波に押し流された	I was swept away.

❶ 一言で気持ちを伝える感嘆表現
What と How を使った感嘆表現は、一言で"心が動いたこと"を伝えることができるので便利です。
What a surprise!　ビックリ！／ How wonderful!　素敵すぎ！／
What a great experience!　すっごくいい経験だね！／ How sweet!　なんて優しいの！／
What a shame!　ああ、残念！／ What an idiot!　もうバカだな！／ How terrible!　なんてこと！／
What a waste!　もったいない！（人生を無駄にしたひどいことという意味で使います）

ひどい話を聞いて

「それはひどい！」という気持ちを一言、TL に投げかけてみましょう。

ひどい	Terrible.
そんなぁ（悲しい）	Sad.
それは残念だ	That's too bad.
そりゃないよ。かなり引く	It's totally uncool.
あんまりだ	That's awful.
心が痛む、ショック	Broke my heart.
アホくさっ！	Dumb!
ゲーっ！	Yu(c)k!
ひどい（卑劣な、ろくでもないことに対して）	Lousy.
ムカつく	Irritating.
フェアじゃない、ひどい（納得いかない）	That's not fair./That's unfair.

❶ F ワードに気をつけよう！
俗に言う放送禁止用語の "fuck"。この言葉はあからさまに使う人もいれば、反対にあからさまに嫌う人もいます。このような俗語はなるべく使用しないほうがいいでしょう。また "fuck" や "shit" などの悪態表現を "four letter words" と言ってボカす場合もあります。

例：I got a lot of four letter words running through my mind right now.
　　頭に浮かぶのはイヤ～な言葉ばかり。（「もうやってられない」という意味）

素晴らしいの一言

気軽に絡んでいけるのが「素晴らしい」の一言。〈素晴らしい〉〈さらに素晴らしい〉と2段階に分けてご紹介します。さらに今どきの〈カジュアル〉表現も参考にしてください。

■素晴らしい

やったぁ、万歳!	Hooray!
ブラボー!	Bravo!
乾杯!	Cheers!
ナイス、いいね!	Nice!
ステキ!	Sweet!
素晴らしい!	Great! Wonderful! Fantastic! Splendid!
イケてる	Cool!
イカす	Neat!
ワァオ!	Wow!
よかったね!	Good for you!
すごいぞ!	Wicked!

■さらに素晴らしい

(信じられないくらい) 素晴らしい	Incredible!
サイコー	Terrific!
素晴らしい、輝いてる！	Brilliant!
なんて素敵なの！	Absolutely fantastic!
(息をのむほど) 素晴らしい	Breathtaking.

■カジュアルな一言

あり得ないくらいすごい	Unreal!
めっちゃすごい	Awesome!
とても素晴らしい	Fab!（Fabulous! の短縮形）
並はずれてすごい、非凡だ！	Extraordinary!
すごすぎ！	Killer!
すごい、最高に立派！	Superb!

❗ Awesome! は great のスラングで「ものすごく素晴らしい」ことに使います。amazing / wonderful / marvelous よりもカジュアルな表現で、フォーマルな会話では使いませんが、友達同士やツイッター、SNS ではよく見かける表現です。

❗ breathtaking は、「思わず息をのむ、はっとする」という意味です。素晴らしい風景やドレス姿など、美しいものがぱっと目に飛び込んできた時の一言としてよく使われます。

うらやましい

「素晴らしい」の一言にプラスして「いいなぁ」という気持ちを添えてみましょう。

うらやましい！	I'm jealous!
いいな、私もできたらなぁ	I wish I could, too.
いいな、私もその場にいたらなぁ	I wish I were there.
いいね、うらやましい！	It's nice. I envy you!
ラッキーだね！	Lucky you!
運がいいな！（うらやましい）	You have all the luck!
私も君みたいに運があればな	Wish I had your luck.

❗ jealous と envy の違い
jealous や envy を辞書で引くと「嫉妬」「ねたみ」などという意味があるので、なかなか使うのに勇気がいるかもしれませんが、英語では普通に「うらやましい！」という気持ちを表す時に使います。ただし jealous は「人や行動、経験」に対する気持ちで、envy は「人の持っている物、個性」などに使うのが一般的です。

One more phrase!

今、地震あった？　Did you feel that?

揺れを感じる、という感覚は日本語でも英語でも同じなので、feel を使います。
TL でも、地震があると Who felt the earthquake?「誰か、地震、感じた人いない？」と呼びかけツイートが登場します。

励ましの言葉

離れていてもツイッターでつながっている者同士、励まし合えるのも魅力です。
落ち込んでいる Twitter friends に励ましの言葉を贈りましょう。

■励まし、勇気づける一言

元気出して	Cheer up!
上を向いて	Chin up!
笑って	Smile!
笑っていこう	Keep smiling!
その調子	Way to go!
頑張って	Go for it!
できるよ	You can do it!
その意気！	That's the spirit!
負けるな（踏ん張れ）	Hang in there!
頑張れ（とにかくやめるな）	Keep it up!
粘り強く続けろ	Stick to it!
あきらめないで	Don't give up.
妥協するな、屈するな	Don't give in.

Did you feel that?	あれ、今、揺れた？
I just felt the earthquake!	今、地震があった！
Felt the earthquake just now!	たった今、地震があった！(さらに"たった今"と強調)
Just felt the shortest earthquake ever.	今、ほんの一瞬、揺れを感じたぞ。(今までで一番短い地震→ほんの一瞬を強調した表現)
I'm not the only one that felt that.	地震を感じたのは、私だけじゃないのね。
Small earthquake felt in Tokyo.	東京で、小さな揺れを感じた。

なお、ツイッター上では震度ではなく、マグニチュード（magnitude）でつぶやかれることが多いので注意してください。

■落ち込んでいる相手に一言

お気の毒に (お悔みにも使える)	I'm so sorry.
一人じゃないよ	I'm here for you.
あなたのこと想ってる	I'm thinking of you.
気持ちわかるよ	I've been there.
負けないで	Hang in there.
きっと大丈夫	You'll be okay.
泣きたい時は肩を貸すから	I'll give you a shoulder to cry on.
いつでも君の味方だよ	I'm on your side.
君はよくやってる	You're doing great!
その先に幸せが待ってる! (輝く栄光に狙いを定めろ)	Keep your eyes on the prize!
次はきっとうまくいく	Better luck next time.
次があるよ	You'll do better next time.

❗ 同じ悲しみを経験したらー。
I've been there. は「私も"そこ"に行ったことがある」という意味。同じ悲しみや痛みの経験を「そこ」という場所にたとえて「その気持ち、わかる (私も経験したから)」という意味で使われます。

うれしい気持ち

「自分がうれしい」ときのつぶやきと、「相手のことでうれしい」ときのつぶやきです。
それぞれ喜びの気持ちを伝えましょう。

■自分がうれしい

やった！	Yes!
イェイ！	Yay!/Yey!
やったぁ！	Hooray!
私、ツイてる！	Lucky me!
最高の気分	I couldn't be happier.
超うれしい！（かなり有頂天）	I'm absolutely overjoyed!
天にも昇る気分	I'm on cloud nine!
うれしい（我を忘れるほど）	I'm ecstatic!
今、この瞬間が愛おしい	Loving every second.
私、よく頑張った、えらい	I'm proud of myself.
今日は雨が降っていなくてうれしい	I'm glad it's not raining today.

■相手のことでうれしい

すごい、ツイてるね	Lucky you!
[　] のおかげで、ステキな一日になった	[　] made my day.
よかったね、私もうれしい	I'm happy for you!
風邪がよくなってよかったね	I'm so pleased to hear your cold is better.

ガッカリ、落ち込み

へこんだときに一言。沈んだ気持ちをつぶやいてみましょう。

今日はダメダメ	Not my day today.
ヘコんでる	I'm down.
今、ヘコみ気味	I feel down now.
なんかむなしい	I feel so empty.
なんか泣きたい気分	I feel like crying.
そのパフォーマンスには、かなりガッカリだった	I was very disappointed with the performance.
結果に満足できなかった	I wasn't very happy with the result.
かなり落ち込んだ	It was a huge let down.
そりゃないよ、そりゃガッカリだ	That's a bummer.
やだぁ〜、かなりガッカリ	What a bummer.
もう、サイアク！	What a drag.

❶ 微妙なニュアンスを使い分けよう。
（一般的）
「〜に失望する、ガッカリする」be disappointed with...
「〜に満足できない、不満」be not happy with...

（カジュアル）
「期待外れなこと」でガッカリ　bummer
「不愉快、うんざりなこと」でガッカリ　drag

驚きの一言

うれしい驚きから、腹が立つ驚きまで、さまざまな驚きをつぶやいてみましょう。同じ意味でも言い方はさまざまなので、訳語のニュアンスを参考に使い分けてみてください。

■思わず、一言

うわっ	Gee.
おい！　おおぉ！	Whoa!
どうしよう	OMG (Oh my God)
なんてこった	Holy cow!/Holy molly!
はい？	What the… ?

■信じられない

本当ですか？	Really?
まじめに？	Seriously?
ウソ、マジで？	For real?

ウソだぁ	You've gotta be kidding me.
ウソだぁ	You're joking.
からかってるんでしょ	You're pulling my leg.
もう、ふざけるなよ	Stop messing around.

冗談でしょ？	You're kidding, right?
マジメに？	Are you serious?
まさか、あり得ない	No way!
信じられない	Unbelievable!/Incredible!
すごい！	Amazing!
ビックリ！	What a surprise!

■あっけにとられた感じ

それって確かなの?	You sure about that?
すごい唐突だった (寝耳に水)	It was just so out of the blue!
今、見てること／聞いてることが、信じられない	Can't believe what I'm seeing/hearing.
思わず目を疑った	I couldn't believe my eyes.
それ聞いて、ショック…(否定的な意味合い)	I was shocked to hear...
あっけにとられた	I was astonished.
それは想定外だった	Well, that was unexpected.
事実は小説より奇なり	Truth is stranger than fiction.
それって衝撃的	That's shocking.

■びっくりされたときの返事

ホント? ▶ うん、ホント	Really? ▶ Yes, Really.
ウソだあ ▶ ウソじゃない	You've got to be kidding me. ▶ I'm not kidding.
ウソでしょ? ▶ いや、ウソじゃないよ	You're kidding, right? ▶ No, I'm not.
マジメに? ▶ うん、マジメに	Are you serious? ▶ Yes, I am.
本当に? ▶ まあね	Seriously? ▶ Uh-huh.
マジで? ▶ マジだよ	For real? ▶ For real.
あり得ない! ▶ あり得るって!	No way! ▶ Yes way!

褒める、感嘆する

相手を褒める、称える、感嘆するためのシンプルなつぶやき表現です。憧れのセレブやスポーツ選手にも使えます。

■感嘆の一言

ワオ！	WOW!
いいね	Nice.
かっこいい	Cool!
ステキ	Sweet.
マジですごい！	Awesome!
とても感動した（刺激を受けた感じ）	It was so inspiring.
すごい、素晴らしい	It's amazing/wonderful/marvelous.
感銘を受けた（ホント、すごいね）	I'm impressed!
それ、ステキ！	That's fantastic!
すごい、えらい、感動的！	How impressive!

■相手を褒める

君ってすごい（私の自慢だ）	I'm proud of you!
君ってすごい	You're great!
本当にすごいよ、サイコーだよ	You're awesome!
ビックリした、すごいよ	You're amazing!
君が笑えば、みんな幸せ	Your smile always makes everyone happy!

■くだけた表現

サイコー！	You rule!
すごすぎ！	You rock!

One more phrase! その ❺

「それって、いい感じ」It sounds good.

話やアイデアを聞いたときの印象を言う場合は、sound「〜に聞こえる、思える」が便利です。また名詞や文を伴い、sound like 〜とも言います。話を聞いて、どう感じたか、簡単に印象がつぶやける優秀なリアクション表現です。

またツイッターや会話表現では、主語＝相手の話・アイデア＝ It、That を省略して Sounds good to me!「私もいいと思う！」と表現することが多くなります。ぜひ、活用してみましょう。

Sounds good.
いいね。

Sounds exciting.
ワクワクするね。

Sounds strange.
それは奇妙だ。

Sounds terrible!
ひどい話だ！

Your breakfast sounds appetizing.
君の朝食、おいしそうだね。

Everything sounds so promising.
すべてがうまくいきそうな感じだね。

Sounds like a good idea.
いい考えだね。

Sounds like it's all solved now.
すべて解決済みみたいだね。

Sounds like you have a nice partner.
素敵なパートナーみたいだね。

今、どんな気分？

動詞 feel を使って、今の気持ちをつぶやいてみましょう。
"Feeling [   ]." なんとなく [   ] な感じ。
状況に合わせて [   ] の言葉を入れ替えながら使用してみてください。

なんか幸せ（満足）、いい感じ	Feeling happy.
なんかスッキリ	Feeling fresh.
なんかものすごく幸せ	Feeling blissful.
サイコーの気分	Feeling hyper.
なんか元気がわいてきた	Feeling energetic.
なんか興奮してきた	Feeling charged.

ブルーな気分	Feeling blue.
なんか落ち込む	Feeling depressed.
なんか悲しい	Feeling unhappy.
なんか無気力	Feeling lethargic.
やる気なし	Feeling lazy.
イヤな感じ、ムカつく	Feeling upset.

不安・緊張・イライラを伝える、励ます

ちょっとしたイライラや不安などをつぶやくのもよし、反対に気落ちしている友達をなだめるのもよし。一言つぶやいてみましょう。

緊張してる	I'm nervous.
怖いなぁ	I'm scared.
困ってる	I'm in trouble.
それはかなり怖すぎ	It sounds so terrifying.
すごく恥ずかしかった	I was so embarrassed.
あなたのことが心配	I'm worried about you.
いろいろ悩みが多くて	I'm worried about a lot of things.
ホッ、やれやれ	Whew.
ああ、ほっとした	What a relief!
それはほっとした	That's a relief!
ああ、よかった安心した	I'm reassured!!
心配ないよ	No worries!
心配しないで	Stop worrying.
あわてないで	Don't panic.
大したことじゃない	It's no big deal.
つまんないことだって	It's meaningless.
問題なしよ	No problem!
ああもう	Darn!

❶ 同じ「怖い」でも I'm terrified. は I'm scared. よりも「さらに怖い」と怖さのパワーが増します。「怖い、ビビる」は scared、「かなり怖い、震え上がる」などさらなる恐怖を感じた時は、terrified を使いましょう。

死ぬほど心配した	I was worried sick.
リラックス、リラックス	You need to relax.
そんなこと忘れてしまえ	Forget about it.
忘れちゃえ、忘れちゃえ	Just let it go.
それはムカつく	That's disgusting.
やりきれない	I'm heartbroken.
我慢して、辛抱よ	Be patient!
やけにならないで	Don't break down.
失敗したらどうしよう	What if I failed?
ストレスだわ	I'm stressed out.
そんなことで無理しないで	Don't kill yourself over it.
やる気が出ない（気乗りしない）	I'm not in the mood.
そんなことしたくない、好きじゃない	I just don't have the stomach for it.
自分を信じて	Believe in yourself.
ただの（私の）気のせい	Just my imagination.
ボスの前でバカやってしまった	Made a fool of myself in front of my boss.
そう真に受けないで	Don't take it so seriously.
すべてうまくいくさ	Everything is gonna be OK.

❶〈胃 stomach〉にまつわるオモシロ表現。
don't have the stomach for ～は「～をしたくない、～を好まない」という意味です。私の胃には合わないということですね。ほかにも get butterflies in my stomach は、胃の中でチョウがバタバタ飛び回っている感じから、「不安で落ち着かない、不安でドキドキする」という意味になり、sick to my stomach は「頭にきて胸がムカムカする」という意味になります。

❸ リアクション

微妙な気持ち、ちょっと深いことを伝える

微妙な気持ちを表す言葉やちょっと深い一言を集めてみました。つぶやきのヒントにしてみてください。

最高のときもあれば、どん底のときもある（山あり、谷あり）	Top of the world, bottom of the ocean.
それが人生さ	That's life.
この世の終わりじゃないんだから	It's not the end of the world.
日はまた昇る	The sun will rise again tomorrow.
明日は明日の風が吹く	Tomorrow is another day.
複雑な心境なう	(I'm having) mixed emotions.
ほろ苦い感じ	It's a bittersweet feeling.
それって切ないぞ（ほろ苦いぞ）	I feel bittersweet about it.
悲しみと喜びが同居してる感じ	I feel sad and happy at the same time.
（思い悩んで）胸が痛い	I'm heartsick.
（思いやりを示して）君のことを思うと胸が痛い	I feel heartsick for you.
（他人の不幸を悲しみ、哀悼の意を表して）胸が痛みます。	I'm in mourning.
胡散臭い	It's fishy.
何もかも胡散臭く思える	Everything seems fishy to me.
ここは/あそこは何やら胡散臭い感じがする…	I smell something fishy here/there...
幸先がいいぞ！	That's a good sign.
血は争えないね（何もそこまでってこともよくあるけど）	Blood will tell (,but often it tells too much).
あとは時間の問題だね	It's only a matter of time.

❗ It's only a matter of time. は単独でも使用しますが、It's only a matter of time before (until) ...「〜するのも時間の問題だ」と使うこともできます。
It's only a matter of time before she gets here.「彼女がここに来るのも時間の問題だ」

最初に添える一言

前置きやちょっとしたアクセントで気持ちをさらに伝えましょう。

しまった	Uh-oh.	ついに	Finally,
あ〜あ…	Oh no...	それでも、さらに	Still,
うわっ	Gee.	つまり	I mean,
やれやれ (安堵)	Whew.	実際は	Actually,
個人的には	Personally,	おそらく	Maybe,
ええっと	Well,	残念だけど、あいにく	Unfortunately,
まず	First of all,	正直	Frankly,

説明するのは難しいが	It's hard to explain, but 〜
こんなこと言いたくないけど	I hate to say this, but 〜
伝えておきたいことがある	I have something to tell you.

顔文字／略字

顔文字はネイティブでも使用する個人により多少異なり、アレンジが加えられていくので、使用頻度の高いものだけをピックアップしました。使わない人も多いので適度に使用しましょう。また略字は非常にカジュアルな表現なので、ツイッター上の文字数調整で使用するか、親しい友人とのやり取りでのみ使いましょう。ビジネスでは使用できません。

●顔文字

日本語	顔文字
びっくり！	:-o
ニコニコ	:)
舌をペロ	:-P
ふてくされ	:(
ハッピー！	:-)
ハハハ	:-D
叫ぶ	:-@
ウインク	;)

●略字

日本語	略字
爆笑	LOL/lol=laugh out loud
大変、ビックリ！	OMG=Oh my God!
なんてね、冗談	JK=Just kidding./JJ=Just joking.
すぐ戻るね	BRB/brb=I'll be right back.
またね	CU=See you.
あなた／あなたの	U/ur=You/your
その他	da=the/that n=and v=very 2=to 4=for w/=with w/o=without

One more phrase! その 6

「だったらいいなぁ」
"陽"の表現 hope と "陰"の表現 wish

願いをつぶやくときの動詞には hope「希望する」と wish「願う」の 2 つがあります。とはいえ、この 2 つの動詞が持つ性格は正反対。hope は「前向きな夢・希望」を表現するのに対し、wish は「ないものねだりの願望」を表すとてもネガティブな動詞です。
それぞれの例を参考に、2 つの動詞が持つ性格の違いをつかみましょう。

hope
前向きな希望を表す hope。「こうなればいいな」という希望はもちろんのこと、いたわりの表現として、相手の幸せや無事などを願うときに使用されます。

I hope I don't fall asleep at work today.	今日、仕事中、居眠りしなきゃいいけど。
I hope we can watch it together.	それ、一緒に見られるといいね。
I hope you're well.	元気だといいなぁ。
I hope it's nothing serious.	大したことないといいけど。
Hope you make it!	成功祈ってる！

wish
ないものねだりの wish は、「〜だったらなぁ（でも無理だろうな）」という切ない感情が含まれる動詞です。基本的に「望んでもかなわないこと」や、「してほしくないこと、やめてほしいこと」をお願いするときに使います。ただし、クリスマスなどのイベントや結婚式などのお祝いのときには、慣用表現として例外的にポジティブな意味で使用します。

I wish I could (but I can't).	できたらいいけど（無理だよ）。
I wish I hadn't said that.	あんなこと言わなきゃよかった。
I wish I bought that bag.	あのバッグ、買っておけばよかった。
I wish they would be quiet.	彼ら、静かにしてくれないかなぁ。
Wish you a Merry Christmas!	メリークリスマス！

第 4 章
ファンツイート

日本の大ファンから、こんにちは!!

Hello, I'm a big fan in Japan!!

好きなことについてつぶやき、憧れのスターにメッセージを送りましょう。

第4章では、ファッション、映画、テレビ、舞台、音楽、そしてスポーツ（ベースボール、サッカー、ゴルフ、フィギュアスケート）などで使えるツイート表現をご紹介します。ツイート表現は、一語一語の英語の意味よりも、1フレーズごとの意味をとらえることが大切です。そのため、なるべくその表現が持つ雰囲気を感じてもらえるようにニュアンス翻訳をしています。何度も繰り返し使うことで、表現のパターンを身につけていきましょう。
また、穴埋め式の表現もありますので、好きな俳優やセレブ、選手をあてはめてみたり、自分の気持ちに近い表現を選んでどんどんつぶやいてみてください。

【憧れのセレブにメンションを送ろう】
褒め言葉や感想をつぶやくのは意外に難しいもの。ファッションや映画、音楽などのエンターテインメント系ツイートでは、
"She looks soooo cute!!"「彼女、超カワイイ〜!!」と気軽なものから、
"You are my role model and my inspiration."「あなたのような生き方に憧れ、いつも刺激をもらっています」とネイティブらしい表現（日本語にするのが難しい！）までご紹介！

【スポーツ表現】
独特の言い回しがあるうえ、文法通りにはいかない"超口語"な世界がスポーツ。本章では、メジャーリーグ、サッカー、ゴルフ、そしてフィギュアスケートと人気のスポーツの試合についてのつぶやきはもちろん、選手への応援メッセージやスポーツ・ツイートを読み解くための単語集を用意しました。サッカーとMLB、ゴルフのパートでは、スポーツ専門チャンネルESPNのニュース翻訳者の英語解説コラム付きです。

［音楽&ライブ］

ライブの感想メッセージ！

最高のステージだったよ。背中がゾクゾクした！
The show was amazing. I felt shivers down my spine!

新曲、大好き。多彩なサウンドね。
I love your new single. Such colorful sounds!

素晴らしい歌詞ね。心をわしづかみにされたわ。
Your lyrics just grabbed my heart.

ライブ、超楽しかった。
Absolutely loved your show.

今日は激しく動き回っていたね。すごいパフォーマンスだったよ！
You worked the stage. Incredible performance!

会場、大盛り上がりだったね。大興奮のライブだったわ。
You rocked the house today. Such an exciting concert!

天使のような歌声だわ。息をのむほど美しい。
Your voice is like that of an angel.
It takes my breath away.

最後の曲は本当に感動した。あなたの魂を感じたわ。
I was truly touched by your last song. I felt your soul.

あなたの音楽は本当に引き込まれるの。
I get so absorbed in your music.

あなたの音楽は私を虜にする。
Your music captivates my mind.

あなたのメロディーは気分が軽くなる。人生が明るくなるわ。
Your melodies lift me up. They just light up my life.

すっごくカッコいいライブだったよ！ 超激しいパフォーマンスだった！
Awesome concert, dudes! Head-banging performance!

あなたは私の憧れです。あなたのようなシンガーになれるのなら何でもするわ。
You are such an inspiration to me.
I'd do anything to be a singer like you.

すごくセクシーなダンスだった。心奪われたわ。
Your dance moves were incredibly sexy.
You stole my heart.

あなたほどカッコいい人は知らない。心臓がドキドキしっぱなしよ。
You're cutest guy I know. You're such a heart-throb!

One more phrase!

Cool　かっこいい
Chill ＝ Very cool　かなりかっこいい
Dope　イケてる
Slick　洗練されたかっこよさ

中でもよく見かけるのが dope です。
I'm LOVING THIS ALBUM! ○○ is dope!!
「このアルバム、好きでたまらない！　○○、イケてる！」
また、Dope!「サイコー！」と一言だけでも OK。さっそく使ってみてください！

曲・アルバムの感想メッセージ！

[ ] には曲名か、もしくは TL で現在進行形で話題にしている曲については [this song] と入れましょう。

[ ] は爽やかで疾走感がある曲！ 素敵！
[This song] is so refreshing and exhilarating. Wonderful!

[ ] は恋愛っぽい曲だけど、聴く人によって色々な情景が見えそう。
[This song] feels like a love song to me, but different things may come to mind depending on how you hear it.

曲から楽しさが伝わってくる。南米っぽいパーカッションがアクセント。
[This song] is pure fun.
You gotta love that South American percussion sound.

[ ] は文句なしの名曲！ メロディーから切なさと激しさを感じる！
[This song] is awesome, without a doubt! You can feel both passion and pain in the melody!

[ ] は今までの曲とは違って、ちょっと異色な感じ。
[This song] is different from others... It's a unique sound.

[ ] はかわいい。聴いていて元気になる。
[This song] is cute! It gives me so much energy.

[ ] は、通勤のとき、いつも聴いています。すごく元気に一日が始められる。
I always listen to [this song] when I'm going to work. It pumps me up for the day.

[ ] は、気合いを入れるときの曲！ 頑張るぞ、とパワーがわいてくる。
I listen to [this song] when I need to reboot myself. It energizes me.

[ ]、泣ける！ ギターの美しい旋律が、心を打つ。
God, [this song] makes me cry!
The beautiful guitar melody touches my heart.

[ ] はすっごい前向きになれる曲！
[This song] helps me be positive and move forward.

［　］のメロディーに、鳥肌がたった！
The melody in [this song] gives me goose bumps!

［　］のパワー、半端じゃない！　ガツンときた。
メロディーの美しさは言うまでもないが、歌詞がすごくいい。
The energy of [this song] is unbelievable!
It knocked me out. The melody is beautiful, of course,
but the lyrics are great too.

美しい夕焼けを思い出す曲だった。どこか懐かしい郷愁を誘う歌声。大切な人を思い出しました。
[This song] reminded me of a beautiful sunset.
And your voice gives me a nostalgic feeling.
Memories of someone special came to me.

最初から最後までの疾走感がたまらない！
I can't get enough of this exhilarated feeling
— it lasts from beginning to end!

ジャジーなピアノがかっこいい！　しっとりとした大人なサウンド。
Love the jazzy sound of the piano! It's a very laid-back,
moody sound.

アコースティックギターが奏でるメロディーにやられた。
The melody of the acoustic guitar really got me.

［　］の歌声が、心の奥までしみ込んできた。こんな素敵な曲を、本当にありがとう！
[Artist]'s vocals sink into my soul.
Thank you so much for making this wonderful song!

聴けば聴くほど、味が出てくる名盤！
The more you listen to it, the more you feel its character.
It's a masterpiece!

何度聴いても、素晴らしい曲です。またリピートしちゃおう。
It's so great I can't get enough of it.
In fact, I think I'll give it another listen right now.

One more phrase! その 7

"受け止め方"の感覚を使い分ける7つの動詞

心で受け止めるか、頭で受け止めるか。「思う、考える」と言っても、その感覚はさまざまです。次の7つの動詞でさらに「どう受け止めているのか、どう考えているのか」感覚の違いをつかんでいきましょう。

I think (that) ~　　　　　～だと考える、思う
I think she's smart.　　　　彼女は頭がいいと思う。

I realize (that) ~　　　　～だと気づく
I realize she's smart.　　　彼女は頭がいいんだ。

I feel (that) ~　　　　　　～のような気がする
I feel she's smart.　　　　　彼女は頭がいいような気がする。

I sense (that) ~　　　　　なんとなく～だとわかる
I sense she's smart.　　　　なんとなく、彼女が、頭がいいのはわかる。

I believe (that) ~　　　　～だと信じる
I believe she's smart.　　　彼女は頭がいいと信じている。

I doubt if ~　　　　　　　～かどうか疑わしい
I doubt if she's smart.　　　彼女が、頭がいいかどうか疑わしい。
　　　　　　　　　　　　　　(そうでないと思う)

I wonder if ~　　　　　　～かしら、どうなのかなぁ
I wonder if she's smart.　　彼女って頭がいいのかなぁ。

[セレブファッション]

洋服&スタイル ― 褒める、憧れる

She が主語になっているつぶやきは、You に換えると相手へのメッセージとしても使えます。

彼女は何を着てもよく似合う。
She looks fantastic in everything.

彼女のファッションは上から下まで完璧!
Her fashion is perfect from head to toe!

彼女こそファッションリーダーだわ!
She is a true fashion icon.

彼女は私のお手本なの。
She is my role model.

彼女のファッション、いつも参考になるわ。
Her style always inspires me.

すごーーーい!!サイコーのドレスに、あの靴、まじめに超イケてる!!
Woooow! What an awesome dress and serious killer shoes!!
❶「悩殺されるほど最高!」という最高の褒め言葉が、killer です。カジュアルな表現で、日本語のニュアンスだと「まじやばい、かなりきてる」という感じになります。またここ一番の「勝負○○」という意味でも使われます。Killer performance, killer dress, killer shoes and killer hair.「最高のパフォーマンス、最高のドレス、最高の靴に、最高のヘアスタイル」

彼女は本当に着こなしが上手いなぁ。
She is such a good dresser.

[あの映画] での彼女のファッション、すごく好き。
※[ ]には作品名を入れてもOK
I really like how she dresses in [that movie].

彼女のファッションには憧れちゃう!
I admire her look!

彼女のファッション大好き!
I really love her fashion!

彼女のファッションセンスが欲しい!
I want her fashion sense!

彼女のファッション、真似したい!
I want to dress like her.

彼女の服のセンスは最高ね。彼女のファッションセンスは、ピカイチよ。
She has impeccable taste in clothes.
She has the best fashion sense.

あのドレスを着ると、彼女、めちゃくちゃゴージャス!
She looks like a million dollars in that dress!

すごくいい感じ。少なくとも、ほかのスターと違ってクラシカルな装いがいい。
She looks great. At least she dresses classy unlike some other stars.

彼女って、どうしてあんなに上品なの?
How can she be so stylish?

[あのドラマ] で彼女が着てたセーターって、すごくカワイイ。
※[ ] には作品名を入れてもOK
The sweater she was wearing in [that drama] is really cute.

洋服&スタイル─ちょっと微妙、イマイチ

この服は、彼女の年にはあわない。
似合わないし、老けて見える。
**This outfit is not for her age.
She looks awful in it and old.**

このドレス、微妙すぎ。(変なドレス)
This dress is just weird.

まあ、かわいいよね、一応…というか、
元がいいから。(ファッションは微妙ということ)
**She actually looks cute...
for her, anyway.**

服はひどいし、メイクが濃すぎ。
The outfit is terrible, her makeup is too heavy.

そのドレス、小さすぎるよね…ごめん。(あまりにもドレスがピチピチな時に)
The dress is too small... sorry.

ヘアスタイルも素敵だし、色の組み合わせもいい、
でも、かなりダブつきすぎ。(ダブついてだらしなく見える)
Nice hair, nice color combo as well, but way too baggy.

すごく素敵。ヘアスタイル以外は。
She looks so great. Except for the hair.

あのスタイルは、全然、彼女っぽくない。彼女、どうしちゃったの?
That looks nothing like her. What was she thinking?

気になるファッション・アイテム

あの雑誌で彼女が持ってたバッグ、すごくかわいかった。どこのブランドかな？
Her bag in that magazine was really cute.
What brand is it?

彼女のアクセサリー、すごくステキ！
Her accessories are so beautiful!

彼女のスカート、めちゃくちゃカワイイ。私も欲しい！
Her skirt is too cute. I want one, too!

彼女のドレス、コレクションで発表されたばかりの新作よ！
Her dress is the latest look from this season's catwalks!

彼女の靴、すごくカワイイ。私も買うべき？
Her shoes are lovely. Should I buy a pair?

彼女のバッグ、私も持ってる！　嬉しい！
I have the same bag she is carrying! I'm so excited!

あのドレスに、あのアクセサリーを合わせるなんて、彼女、さすがだわ。
I'm so impressed with her choice of accessories to go with that dress.

彼女の指輪、すごくゴージャス。でも、私には高すぎて買えない。いくらだろう？
Her ring is so gorgeous.
But I can't afford one. How much does it go for?

気になる限定&コラボ商品

[ ]には好きなブランドやモデル、デザイナーの名前を入れましょう。

彼女が持っている[ブランド名]の白いバッグは、NY店限定みたい。
Her white bag is sold exclusively at [brand] in New York.

あの2ブランドがコラボしたネックレスなら、絶対ほしい!
I really want the necklace if those two brands are collaborating.

[ブランド名]が、全国のショップで秋のフェアを開催してるんだって。
All the [brand] stores around Japan are holding autumn fairs.

[ブランド名]で日本限定モデルのバッグが発売された。うーん、かなり魅力的。
[brand] started to sell a Japan limited version bag. Hmm, I really want that.

今、[ショップ名]で5000円 (50ドル) 以上買い物すると、オリジナル・エコバッグがもらえるんだって。
Right now, if you make a purchase more than 5000 yen ($50) at [shop] , you can get a [shop] original eco-friendly shopping bag.

[ ]がデザインしたバッグがほしい! でも限定商品だから、日本では買えないんだって。
I want a bag [   ] designed! But I can't buy it in Japan because it's a limited product.

[あの女優]が[ブランド名]とコラボして、ドレスを作ったんだって。かわいいんだろうな〜。
[That actress] designed a dress collaborating with [brand]. It must be really cute.

あのネックレス、限定商品だから売り切れだった! 信じられない!
The necklace was sold out because it was a limited product! Unbelievable!

気になるヘア&メイク

雑誌のときの髪型、真似したい。すごく可愛かった!
I want to try the same hairdo from that magazine. It was really cute!

髪の毛切ったって本当? 写真アップしてほしい!
Did you get your hair cut? Why don't you upload pictures?

髪の毛切って大正解! かっこいい。
Your new hairdo is perfect! So cool.

前のカラー(髪の色)のほうが似合ってたと思う。早く戻して〜!
Your previous hair color was much better. You should redo it!

そのヘアスタイル、すごくステキ! どうやったの?
Your hairdo is so cute. How did you do that?

今日のメイク、洋服と合ってるね。おしゃれ!
Today's makeup and fashion are a perfect match. So sophisticated!

今日はセクシーでかっこいいね! 唇がキラキラしてる!
You are so sexy and cool today. Your lips are glossy!

あなたのナチュラルメイクが好き!
I like your natural-style makeup!

まつ毛が長くてうらやましい!
I wish I had your long eyelashes!

あなたのチークを実は真似してます♪ 本当に可愛い!
I learned how to put on rouge from your style. It's really cute!

セレブを彩る形容表現

外見についてコメントするときの形容表現です。　　　　にあてはめて使いましょう。

彼女は 　　　　!!   She looks so 　　　　!!

ゴージャス、豪華な	gorgeous/splendid
綺麗	beautiful
カッコイイ	hot
セクシーな、色っぽい	sexy
素晴らしい、素敵	fabulous/fab
素晴らしい	great/fantastic/excellent
驚くほど美しい	stunning
見事な	amazing
上品な、スタイリッシュな	stylish
クラシカルな	classic
ゾクゾクするようなオシャレさん	kicky
洗練されたオシャレさん	sophisticated
流行にのってるオシャレさん	fashionable
きちんとした、カチっとキメた	neat
身なりの整った、小粋な	smart
しゃれた、粋な	snappy/snazzy/nifty
ぜいたくな	luxurious
完璧	perfect
完全無欠 (非の打ちどころがない)	flawless
かわいい	lovely/cute
薄汚い、むさくるしい	frumpy
野暮ったい	dowdy
時代遅れの、ダサい	unfashionable/unstylish
魅力がない、流行に合わない	clunky
気取った	foppish
ひどい最悪、あんまりだ	terrible/awful

> エンタメ翻訳者おススメの表現

心に響く、スターたちの一言〈女優編〉

一言から垣間見えるスターたちの人生観、恋愛観、価値観、ユーモア。今、輝いているスターたちのそんな一言をご紹介。シンプルな英語で、シンプルに伝えるヒントを感じとってみてください。

アンジェリーナ・ジョリー　Angelina Jolie
"If you don't get out of the box you've been raised in, you won't understand how much bigger the world is."
―「自分の育った箱から飛び出さなければ、世界の広さを知ることはできない」

「井の中の蛙、大海を知らず」のアンジー・バージョンですね。日本でも「箱入り娘」と言いますが、育った環境を box ＝箱と表現するのは、英語でも同じ。

マドンナ　Madonna
"Better to live one year as a tiger, than a hundred as a sheep."
―「羊のように 100 年生きるなら、トラのように 1 年生きることを選ぶ」

マドンナのチャレンジ精神が伝わる一言。

メリル・ストリープ　Meryl Streep
"There's no road map on how to raise a family; it's always an enormous negotiation."
―「家族の作り方に地図なんてない。つまり、ただひたすら話し合うこと」

あまり私生活を見せない大女優の家族に関する一言です。ちなみに彼女の夫は彫刻家。婚約者であった俳優ジョン・カザール(『ゴッドファーザー』)を肺がんで喪った後に出会った運命の伴侶です。

ペネロペ・クルス　Penélope Cruz
"You cannot live your life looking at yourself from someone else's point of view."
―「自分以外の誰かの目線で自分を見ていては、自分の人生は生きられない」

美しき野心家の女優さんです。ハリウッドに進出しても自分らしさを失わなかった彼女の強さがうかがえます。

スカーレット・ヨハンソン　Scarlett Johansson
"I always check in the mirror to make sure nothing is see-through."
―「(心が)透けて見えてないか、いつも鏡でチェックしているわ」

女優の仮面をかぶっているのですね。それにしても see-through (シースルー) と彼女が言うと、それだけでなんだか色っぽい。選ぶ言葉までどことなく色気が漂います。

柏木しょうこ─ドラマ・映画翻訳家

［映画・ドラマ］

作品の感想をつぶやこう!

［ ］には作品の名前（title）を入れてつぶやきましょう。

■ 作品を褒める

絶対観るべき。観ないと損すると思う。
You've got to see it. I feel sorry for anyone who hasn't.

あの映画／［○○］は、ずっと観たいと思ってた。
I've been waiting to see that movie/[title].

今までで最高のテレビシリーズ!!!!　めちゃくちゃ面白い!!
Best TV series ever!!!! Awesome!!

ハマりすぎて、［(TVシリーズ)］を見るのをやめられない!
I'm so hooked I can't stop watching [title]!

［○○］、大好き!!!
I <3 [title] !!!!

❗ <3 = love の意味。

今夜の［○○］を観て、恋に落ちた。
Tonight I fell in love with [title].

❗ fall in love with... は、「～に恋した、恋に落ちた」という意味。テレビシリーズなどにハマった瞬間や作品をとても気に入ったときなど、夢中になったことを伝える変化球的な表現です。

感動しすぎて、涙が止まらなかった。
I was so moved I couldn't stop the tears.

デートにおススメの映画。
It's a perfect date movie.

どんでん返しに、ビックリ！
It has a shocking twist!

ラストは息をのんだ。
The ending blew me away.

映像の素晴らしさに息をのんだ。
It had breathtaking visuals.

続編が待ち遠しい。
Can't wait for the sequel.

最近観た映画の中ではナンバー１！
It's the best movie I've seen in a while.

アーティスティックな映像だった。とても美しい世界。
It has very artistic visuals that paint a beautiful world.

これぞ、ハリウッド映画という感じ。
This is a real Hollywood movie.

映画の世界観に魅了された。
I was lost in the film's world.

斬新な作品だった。新しい。こんな映画みたことない。
**It's a new sort of film. Very fresh.
Never seen anything like it.**

よかった。うまく言えないけど、すごくよかった。（面白かった理由がうまく言えないとき）
I liked it. I can't express why properly, but it was really good.

■ 作品がイマイチ

どんな内容か覚えてない。というより、内容がなかった。
I can't really remember what happened, because not a lot did.

どうやったらこんな退屈な映画が作れるんだろう。
I am amazed that people can put together and release such a boring film.

観るんじゃなかった。
I regret watching it.

デートで観たら、最悪だ。ムードが台無しになるぞ。
Watching it on a date was a big mistake. It totally killed the mood.

始まって10分くらいで、寝てしまった。
I fell asleep about 10 minutes in.

もう、この手の映画は観あきた。
I've seen this type of movie and I'm tired of it.

最初は面白かったけど、最後がもったいない。
It started off nicely, but in the end it didn't live up to what they could have done with it.

俳優の個性についてつぶやこう！

彼／彼女は、一度見たら忘れられない個性がある。
He/She has an unforgettable personality.

彼／彼女は、スターの風格がある。
He/She really seems like a star.

彼／彼女は、ロマンティックな雰囲気だ。
He/She has an aura of romance.

彼／彼女の演技力は本物だ。
His/Her skill at acting is the real deal.

彼／彼女は、スターというより、本物のアクターだ。
More than a star, he/she is a true actor.

彼／彼女が出演している映画は、ハズレがない。（いつも面白い）
He/She never has an "off" performance.

彼女は、とてもおしゃれだ。
She always looks good.

彼は、肉体派だ。
He's buff.

彼女は、いつ見てもかっこいい。
She's always cool in my eyes.

彼／彼女は、消えないでほしい。
I never want him/her to go away.

作品について一言

　　　　 にあてはまる表現を入れ、作品の感想をつぶやいてみましょう。

あれ（作品）は 　　　　 だ。　That's 　　　　 .

めちゃくちゃ最高！	pure gold
最高	the best
（すごくよくて）ぶっ飛んだ	stunning
スリリング	thrilling
興奮しっぱなし	nonstop entertainment
興奮した	exciting
すごくよかった	superb/awesome/fantastic
わりとよかった	pretty decent
よかった	good
普通	average
可もなく不可もなく	acceptable
まあまあ	so-so
半分、よかった。半分、イマイチ	got good and bad points
悪くはないけど	not bad, but…
微妙だ	not my thing
すごく微妙だ	really not my thing
後味が悪い	not satisfying
退屈	dull
眠くなった	sleep-inducing
ひどい	awful
あんまりだ（ちょっと終わってる）	a little over
胸くそ悪かった（ひどすぎる、ゴミだね）	garbage
最低・最悪	the worst

俳優について一言

　　　　 にあてはまる表現を入れ、俳優の感想をつぶやいてみましょう。

彼 / 彼女は 　　　　 だ。　　　　He/She is 　　　　.
彼 / 彼女は 　　　　 な感じ。　　He/She seems 　　　　.

[　] に出演しているあなたって 　　　　 。
You're 　　　　 on [TV program].
You're 　　　　 in [Movie].

※テレビ番組に出演している場合は前置詞 on、映画の場合は in になります。

この上なく最高!	first-rate
最高	splendid
すごくいい、ゴージャス	magnificent
セクシー	sexy/hot
魅力的	attractive/appealing/charming
味がある	unique/an individual/a person of character
かわいい（男性に使った場合は「爽やかなかっこよさ」）	cute
かっこいい	cool/awesome
クール（おしゃれな感じ）	cool/slick
知的、頭がいい	intelligent
優しい	kind/generous
個性的	an individual/unique/one-of-a-kind
印象的	memorable/striking
アーティスティック	artistic/arty
エキセントリック、一風変わった個性	eccentric/an oddball
完璧（非の打ちどころがない）	flawless/beyond reproach
鼻につく	tacky/foul
不快、ムカつく	creepy/irritating
性格悪い	immature/unkind
自分勝手な	egotistical/selfish

❹ ファンツイート

映画賞・ドラマ賞で盛り上がろう!

[ ] には映画やドラマ名を入れましょう。

■受賞前のつぶやき:作品編

今年の作品賞で、注目しているのは「○○」だ。
I think that [title] has a shot at best picture this year.

「○○」がノミネートされているのは、予想外だった。
It's unusual that [title] was nominated.

「A」が最有力候補かな。絶対に受賞しないと思うのは「B」。
[title:A] might be the strongest nominee.
[title:B] doesn't stand a chance.

なんで「○○」がノミネートされなかったのか、不思議。とても素晴らしい作品なのに。
I can't believe [title] wasn't nominated. It was fantastic.

わたしが選ぶ作品賞は「○○」!
My pick for best picture is [title]!

「○○」はノミネートされて当然。ぜひ、観てほしい!
[title] got the nomination it deserved.
Everyone should see it!

今年のノミネート作品は、イマイチ地味な作品ばかりだ。
The nominees this year are all a bit bland.

今年のノミネート作品は、どの作品が受賞してもおかしくない。甲乙つけがたい!
All of this year's nominees stand a fair chance.
I can't pick one!

■受賞後のつぶやき：作品編

やっぱり「○○」が受賞すると思った！
As I expected, [title] won.

「○○」が受賞して当然！
And naturally, [title] wins!

やった！ 「○○」が受賞したぞ、おめでとう！ 日本で公開されるのが楽しみ！
Yes! [title] won! Congratulations!
Looking forward to the Japanese release!

「○○」が受賞を逃すなんて、どういうことだ！ 信じられない！
I can't believe [title] was looked over! Unbelievable.

残念、「○○」はダメだったかぁ。
Too bad [title] didn't win.

「A」が受賞したけど、私としては「B」に賞を贈りたい！
[title:A] won the real thing, but my award goes to [title:B]!

日本映画の「○○」が、××映画祭で映画賞を受賞したって！ すごいぞ！ おめでとう！
Wow! The Japanese film "[title]" won at [××]!
Congratulations!

[A] が [B] に負けるなんて。ちょっと受け入れがたい。
[title:A] lost to [title:B]? That's a little hard to swallow.

「○○」がついに受賞、その作品なら当然！ おめでとう！
[title] finally got the award, and it deserves!
Congratulations!

■受賞・ノミネートのつぶやき：俳優編

[ ]が主演女優賞にノミネートされている。頑張れ！

[name] has been nominated for best actress. Hope she wins!

すごい！ [ ]が、主演女優賞（男優賞）と助演女優賞（男優賞）にダブルノミネート！

Amazing! [name] has been nominated for Best Actress/Actor and Best Supporting Actress/Actor!

[ ]の新作、楽しみ！ 早く日本で公開しないかな。

Looking forward to [name]'s new movie! Hope it comes to Japan soon!

[ ]、映画「○○」にてアカデミー賞主演男優賞／女優賞おめでとう！ やっぱりって感じ。

Congrats to [name] for winning the Best Actor/Actress Oscar for his/her role in [title]! No surprises here.

[A]は、3年連続主演男優賞を受賞している！ 受賞を逃した[B]は残念だったね。[A]がいる限り、ほかの俳優が受賞するのは難しいかも。

[name:A] won for the 3rd straight time for Best Actor! Sad that [name:B] lost, but if [name:A] is around, it'll be hard to win.

[ ]が主演男優賞を受賞！ 当然でしょ！

[name] wins best actor, naturally!

[ ]が主演男優賞を逃した。どうして！ 納得いかない！ 彼に受賞してほしかった。

[name] lost out for best actor. I don't get it. He really deserved to win.

俳優の演技についてつぶやこう！

actor/actress、he/she を you に換えると俳優へのメッセージにもなります。

［彼／彼女］の「○○」での演技は、最高に感動的だった！　彼／彼女は最高の俳優だ！
[Actor/Actress]'s performance in [title] was really powerful. He/She is a truly gifted actor!

［彼／彼女］は、作品ごとに印象が変わる。さすが演技派！
[Actor/Actress] really changes depending on the film. A true performer.

「A」の［彼／彼女］は、あまりよくなかった。
「B」の時はすごくよかったのに…あれはたまたまだったのか？
[Actor/Actress] wasn't that great in [title:A]. He/She was marvelous in [title:B], though… Was that just a fluke?

［彼／彼女］は、作品選びがうまいよね。いつも新鮮な感じがする。
[Actor/Actress] is great at choosing roles. They're always so fresh.

［彼／彼女］は、もう少し作品を選ぶべきだと思う。
[Actor/Actress] needs to be a bit more picky about his/her roles.

［彼／彼女］の魅力が、どうもわからない。
I really don't understand what people see in [Actor/Actress].

［彼／彼女］を久々に見たら、なんだか年をとった感じ…ちょっとガッカリ。
Saw [Actor/Actress] for the first time in a while. He/She seems older. Kinda sad.

［彼／彼女］はいつ見てもゴージャスだ。年をとらないよね。
[Actor/Actress] always looks great. He/She just doesn't age.

❹ ファンツイート

［彼／彼女］は、いい意味で年をとった。味わい深い演技をする。
[Actor/Actress] has matured. His/Her performance is deeper and more subtle.

［彼／彼女］は、もしかしてＣＧ？　生身の人間じゃないみたい。（笑）
Is [Actor/Actress] CGI? He/She looks like a puppet!:)

「○○」に出ていた新人の［彼／彼女］がとてもいい！　これからの注目新人です！
Newcomer [Actor/Actress] in [title] is great! Keep an eye on this rising star!

［彼／彼女］は昔ながらのスター。大スターの貫禄を感じる。
[Actor/Actress] is a star from good-old-days. He/She has a powerful presence.

［彼／彼女］は最近、スキャンダルばかりで、映画に出てないよね。
[Actor/Actress] has been in too many scandals lately, so he/she doesn't get much work.

どうやら、彼女はシリーズ「○○」を去る／降板するみたい。
**Looks like she is leaving [title]./
Looks like she is going to be canceled.**

［彼／彼女］のドラマ「○○」に復活を強く願う！（お願い、戻ってきて！）
I really hope that [Actor/Actress] comes back to [title]!

［彼／彼女］がドラマ「○○」に出演するらしい！　楽しみ！　早く日本でもオンエアしてくれるといいな！　オンエアが待ち遠しい！
I heard that [Actor/Actress] will show up on [title]! That's great! I can't wait for it to be broadcast in Japan!

ドラマ「○○」の［彼／彼女］が気になる！　ドラマは毎回欠かさず観ている。
I love [Actor/Actress] on [title]! I never miss it!

ドラマ「○○」に出ている［彼／彼女］の演技から目が離せない！　きわどい演技に息をのむ。
I can't pull myself away from [Actor/Actress] on [title]! His/Her wild performance never fails to amaze me.

監督についてつぶやこう！

私のお気に入りの監督は、「〇〇」を撮った [ ] 監督です。
My favorite director is [name], who did [title].

[ ] 監督の映画は、いつも考えさせられる。
[name]'s films really make me think.

[ ] 監督の映画は、ビジュアルがすごい！
[name]'s films always have amazing visuals.

アクション映画は、[ ] 監督が面白い！
If you're looking for an action movie, [name]'s films are always good.

[ ] 監督の作品で「〇〇」がお気に入り。もう何回も観ている。
[title] is my favorite of [name]'s films. I can't count how many times I've watched it.

[ ] 監督、ぜひまたアクション／コメディ／ラブストーリー／ＳＦ映画を撮ってください！
期待して、待っています!!
Keep making action movies/comedies/romances/sci-fi, [name]! I'm always waiting for your next one!

[ ] 監督は、アカデミー賞の監督賞によくノミネートされるけど、
なかなか受賞できないね。どうしてだろう。
[name] is often nominated for Best Director Oscar, but hasn't won, yet. Why is that?

[ ]監督は、昔はすごく面白かったのに、最近はイマイチだね。
[name] used to make great stuff, but his/her recent attempts are a bit weak.

おお、久々に[ ]監督の映画が日本で公開するぞ！　待望の新作だ。
Oh! It's been a while since one of [name]'s films has come to Japan! I impatiently await this new one!

新しい監督の[ ]が、注目されている。「〇〇」という映画を撮った監督だよ。
[name] is a talented up-and-coming director. He/She made [title].

「〇〇」も[ ]監督が撮っていたんだ。意外だな。
[name] made [title]? I wouldn't have guessed.

[ ]監督の初期の作品「〇〇」を観た。
I watched "[title]", one of [name]'s first films.

[ ]監督が、今度、テレビシリーズの製作総指揮と監督をするらしい。楽しみ！
[name] is going to be a director and executive producer for a TV series! I can't wait to watch it!

ドラマシリーズ「〇〇」のクリエーターが、映画を監督するんだって。いよいよ映画界にも進出だね。
The creator of the TV series "[title]" is going to move to the silver screen at last by directing a movie.

最近、ハリウッドの監督は、テレビシリーズも手掛けるようになってきた。
It seems a lot of Hollywood directors are getting into television as well, lately.

大ファンです！　監督の作品は全部みています。新作楽しみにしています！
I'm a huge fan! I've watched all of your films and eagerly await your next work!

お気に入りの俳優へメッセージを送る

大ファンです！ 新作「○○」を観ました！ 日本ではやっと公開したばかり。本当にキュートで楽しかった。ステキな作品をありがとう！
I'm a huge fan! I watched [title], which just came out in Japan. It was good, cute fun. Thanks for the good show/movie!

❶ テレビ作品は show、映画は movie になります。また作品性の高い映画は film も使えます。

間違いなく、あなたは、最高の俳優です！
Without a doubt, you are the greatest!

映画「○○」の演技、すごい、まるで奇跡！ 共演者との掛け合いにうっとりしました。
Your performance in [title] was simply stunning! The way you and your costars played off of each other was spellbinding.

❶ テレビ作品の場合は、Your performance on [title]。

新作、楽しみです。撮影頑張ってください！
Looking forward to your new stuff. Keep it up!

スタントも自分でやるんですか？ くれぐれも気をつけてください！
Do you do your own stunt work? Take care of yourself, okay?

あなたの作品にいつも元気をもらっています。
Your work always brings a smile to my face.

あなたの作品「○○」は私の宝物です！
Your work [title] is a treasure to me.

失恋した時（落ち込んだ時）は、あなたの作品「〇〇」を必ず観ます！
あれは、私の栄養剤です！

Whenever I have a bad breakup (feel down), I always watch your movie [title]! It's my perfect pick-me-up!

ドラマ「〇〇」、毎回、楽しみにしています！　日本ではまだ第 [ ] シーズンを放映中です。
早く最新シーズンが見たいです。

I always look forward to the next epi. of [title]! We're still stuck in season [　] in Japan. I want to watch the latest shows!

❗ episode は略して epi.。

日本でもドラマ「〇〇」は大人気！　[役名] の活躍を応援しています！

[title] is a big hit in Japan! I'm always behind [character]!

日本でもドラマ「〇〇」のオンエアが始まりました！　[役名] の切ない恋はどうなるのか、
すごく気になります。

[title] started broadcasting in Japan! I want to know what happens with [character]'s sad romance.

ドラマ「〇〇」の＃ [ ] を観ました。続きが気になって、眠れません！

I just watched epi. [　] of [title]. I need to know what happens next, so no sleep for me!

ドラマ「〇〇」のシーズン [ ] が日本で最終回を迎えました。
次のシーズンが待ちきれません！

The last epi. of season [　] of [title] has aired in Japan. Can't wait for next season!

[役名] はこれからどうなっちゃうの？　いつも目が離せません。

What's going to happen to [character]? I can't take my eyes off of him/her.

ドラマ「〇〇」が終了しちゃうんですね。とても残念でなりません。

[title] is going to be canceled. What a bummer.

> エンタメ翻訳者
> おススメの
> 表現

エンタメ業界でよく使われる言葉

リメイク版にもいろいろある　Remake or Reboot?

続編の次はリメイク版が目につくハリウッド。その流れはテレビドラマ界でも同じです。ただ最近では、remake「作り直す」ではなくreboot「再起動する」という言葉が頻繁に使われるようになっています。remakeは「世界を再現する」という意味で、いわゆるリメイク、再映画化、再ドラマ化です。それに対しrebootは「世界を新しく再構築する」という意味。つまり、元ネタは同じだけど、自由に改変して、新しい作品として作り変えるよ、という意味になります。例えば、バットマンを新しい切り口から再構築したクリストファー・ノーラン監督の『ダークナイト』などがreboot作品になります。rebootに欠かせないのがfresh ideas（新鮮な切り口）。これからのリメイク版は、remake（ただの焼き直し）か、reboot（新しく生まれ変わる）、どちらなのか、という論争が起こりそうですね。

There is no need for a remake, reboot or whatever!
リメイクとか、再構築とか、もうそういうのいらない！

"Wizard of Oz" Reboot?
『オズの魔法使い』が復活？（現代によみがえるという意味でremakeではなくreboot）

一発屋か、本物か？　One-hit wonder or real artist?

一曲だけ大ヒットを飛ばし、その後消えてしまったミュージシャン、いわゆる「一発屋」をone-hit wonderと呼びます。それに対して、「本物のミュージシャン」はreal artistと言います。このone-hit wonderのもともとの言葉が、A wonder lasts but nine days.「不思議なことも9日しか続かない（人の噂も七十五日）」という諺です。これにone-hit「一曲ヒット」をかけたものだといわれています。
さらにミュージシャン以外でも使える表現として、同じ諺から派生したa nine days wonder「すぐに忘れられてしまう人・物事」や「一時的な人気を集める人、時の人」という意味のflavor of the monthという表現があります。あわせて覚えておくと便利でしょう。

He ended up a one-hit wonder.
彼、結局、一発屋で終わったよね。

I thought she was going to be a one-hit wonder, but it's not true.
彼女は一発屋だと思ってたけど、違った。

You always go for the flavor of the month.
あなたってミーハーね。（時の人ばかり追いかけるという意味で）

I thought she was just going to be another flavor of the month, but she's still a big time movie star.
彼女、すぐに消えると思ってたけど、今ではすっかり大物女優ね。

柏木しょうこードラマ・映画翻訳家

[ミュージカル＆舞台]

俳優・パフォーマー (= Artist) を称える

you を使えば、アーティストへのメッセージにもなります。

［アーティスト名］のことが頭から離れない！
Can't stop thinking about [Artist]!

［アーティスト名］、歌／ダンス／演技がイケるんだぁ！
Boy, can [Artist] sing/dance/play!

［アーティスト名］って本当に天才！
[Artist] is a total genius!

［アーティスト名］が私の世界を揺さぶる。（強烈にひかれている、の意味）
[Artist] rocks my world.

［アーティスト名］の作品はとても不思議なパワーをくれる。それなしでは生きられない。（私の人生に必要不可欠）
[Artist]'s work is so inspiring. Can't live without it.

［アーティスト名］をもっと見たい。（いくら見ても見あきることはない）
Can't get enough of [Artist].

彼／彼女の歌声にみんな死ぬかも。（素晴らしすぎてノックアウトされる）
People would die to hear his/her voice!

演技はこの世のものとは思えなかった！　感動でビックリ！
The performance was out of this world! A-ma-zing!!

❶ out of this world は「この世のものとは思えないほど素晴らしい」の意。最高の褒め言葉。

舞台・演技に感動のつぶやき！

お見事！ サイコーに素晴らしい時間だった。
Nicely done! Had the most amazing time!

すごくよく出来ていた！（考え抜かれている、芸が細かい）
Incredibly well thought out!

素晴らしい演技だった。ブラボー！
Incredible performance. Bravo!

大興奮！
A mind-blowing experience!

なんて夜！ もうむちゃくちゃ大興奮だった！
What a night! Totally mind-blowing!

❶ What a night! は「なんて夜だ！」の意。他にも What a day/week!
「なんて1日だ、1週間だ」など、驚きの気持ちを伝える表現です。
反対に What a horrible performance!「なんてひどい舞台だ！」とつぶやくことも。

❶ mind-blowing は「恍惚とした、ぶっ飛んだ」の意。もう理性がなくなるくらいめちゃくちゃ興奮した
状態のことです。Totally の代わりに Completely mind-blowing! でも OK。

これぞ、エンターテインメント！
Now that's what I call entertainment!

まさに人生を変える経験だった！ この日を絶対、忘れない。
A life-changing experience! I won't ever forget this day.

美しい！ （自然と）涙があふれてきた。
Beautiful! Tears welled up in my eyes automatically.

とても感動！　考えるだけで胸が痛む。
So touching! My heart aches just thinking about it.

❗ touching「感動する」の意。心の琴線に触れるような感動、ウルウルっとくるような感動の時の表現です。(I was) so touched by this week's Glee.「今週のグリーに感動した（ウルウルきた）」と動詞でも使います。

演技がすごくよかった。現実とは思えない。（夢みたいな感じ）
The performance was so good! It almost seemed surreal!

❗ surreal「現実離れした、シュールな」という意味から転じて、「現実とは思えない素晴らしさ」「夢の世界のよう」という意味で使われます。

[アーティスト名] の声は素晴らしい！
[Artist] has such an incredible voice!

[アーティスト名／舞台名] は最高の出来だった！（文句なしの素晴らしさ！）
Two thumbs up for [Artist/title].

❗ Two thumbs up for ～「～は最高の出来」の意。両手の親指を立てるしぐさからきた表現ですね。

[舞台名] から帰宅なう。最高の夜だった！
Just came back from [title].Greatest night ever!

[アーティスト名／舞台名] は本当にしびれる!!
[Artist/title] totally rocks!

❗ rock「強く揺さぶられる、激しく感動する」の意。「ウォ～！」と叫びたくなるような感動の時に使います。

鳥肌ものの演技だった！　いい意味で！
The performance gave me goose bumps! In a good way!

❗ goose bumps「鳥肌」の意。

今年で間違いなく最も素晴らしい演技・舞台だった！
Definitely the most fabulous performance I've seen so far this year!

「観てきたよ〜！」報告のつぶやき！

［舞台名］、よかったよ。
Loving [title].

今夜、舞台［舞台名］を観てきた。［出演者A］、［出演者B］そして［出演者C］はみんな素晴らしかったと言わざるを得ない。（認める）
Saw the play [title] tonight.
I must say [Artist:A], [Artist:B&Artist:C] were all fantastic in it.

［アーティスト名／舞台名］をまた観に行くぞ！　ホントよかった！
Must go see [Artist/title] again! Fantastic!

ショーはものすごくよかった!!　その世界観にずっと魅了されっぱなし。
The show was ABSOLUTELY AMAZING! Enthralling for every sense throughout the entire show.

［舞台名］はサイコーに笑えるパフォーマンス（舞台・ショー）だった。
[title] was the most hilarious performance.

［アーティスト名］が来日する。かなり興奮！　待ちきれない！
[Artist] is coming to Japan. So excited! Can't wait!

ついに、やっとブロードウェー・ミュージカル［舞台名］を日本で堪能できた！
Finally, I could enjoy the Broadway musical [title] in JAPAN!!

［アーティスト名］のコンサート／舞台をチェックしてみて！　絶対に後悔させないから。
Check out [Artist]'s concert/performance!
You won't regret it.

チケットの値段だけの価値はある！
The ticket was definitely worth it!

> エンタメ翻訳者
> おススメの
> 表現

心に響く、スターたちの 一言〈男優編〉

一言から垣間見えるスターたちの人生観、恋愛観、価値観、ユーモア。
男の世界もいろいろです。人生いろいろな男優たちの一言をご紹介します。

ジョージ・クルーニー　George Clooney

"I don't believe in happy endings, but I do believe in happy travels, because you die at a very young age, or you live long enough to watch your friends die."
―「ハッピーエンドは信じていないが、幸せな旅路は信じている。若くして死ぬこともあるし、長生きすれば友達の死を見送るはめになるからだ」

人生を歩むことを travel「旅」と表現しています。冗談っぽく茶化しながら、深いことを言うのがジョージ流です。

ジョニー・デップ　Johnny Depp

"I'm an old-fashioned guy... I want to be an old man with a beer belly sitting on a porch, looking at a lake or something."
―「僕は、古いタイプの男だ…ビール腹でポーチに腰掛けながら、湖などを眺めている、そんなお爺さんになりたい」

ジョニーがビール腹になるとは思えませんが、言葉をひとつひとつ選び丁寧に話すのがジョニーの特徴です。"平凡な幸せ"を何よりも大切にする彼の生き方がこのコメントからも感じられます。

ブラッド・ピット　Brad Pitt

"Being married means I can break wind and eat ice cream in bed."
―「結婚とは、オナラも気にせず、ベッドでアイスクリームを食べられるようになること」

2000年、ジェニファー・アニストンと結婚2カ月後のコメントです。子育てに奮闘するアンジーとの今の生活とはまるで違いますね。また、break wind「オナラをする」は pass gas という言い方もあります。

ダニエル・ラドクリフ　Daniel Radcliffe

"I don't understand girls, but I'm slowly learning."
―「女の子のことはよくわからないけど、ゆっくりと学んでるよ」

ハリー・ポッターを演じ続けてはや10年。その資産額は、英国王室のウィリアム＆ヘンリー王子を上回るというのだからビックリです。あの頃はウブだったと振り返る日もそう遠くないかもしれません。

キーファー・サザーランド　Kiefer Sutherland

"Now I know how Charlie (Sheen) feels, I've lost all feeling in my lower half."
―「今、チャーリー（・シーン）の気持ちがよくわかるよ。脚の感覚がなくなってるからね」

「下半身の感覚がない」つまり「ガクガクしてちゃんと立っている気がしない」ということです。彼がドラマ『24』で2002年ゴールデン・グローブ賞男優賞を受賞したときのコメント。チャーリーとは『ヤングガン』で共演した友人。彼もテレビで復活しましたね。二人とも父親が大俳優で、若い頃に成功し、スキャンダルでつぶれ、そしてテレビで復活した…本当に境遇が似ています。

柏木しょうこ―ドラマ・映画翻訳家

[ベースボール(MLB)]

試合について

始まるよ！ これからメジャーリーグベースボールのレギュラーシーズンの開幕だ！
PLAY BALL! Now playing Major League Baseball regular season!

うっわー、この試合は雨天中止になりそうだ。
OMG, this game seems to be rained out.

[球団]がプレーオフ進出だ。
[Team] are going to play in the postseason.

❶ The Yankees、The Red Sox などの球団名は固有名詞ですが、複数形扱いの集合名詞と考え、The Yankees are 〜 /have 〜となります。

[打者名]が一塁打／二塁打／三塁打を打った。／[打者名]が打ち上げた。
[Hitter] singled/doubled/tripled./
[Hitter] popped out.

入る、入ったか？ 入ったー！ やった！ [打者名]の3ランホームラン！
That ball is going, going, gone!
Yes! 3-run HR by [Hitter]!

❶ HR = Home Run の略。

なんてこと！ [打者名]が満塁ホームランを打った！
Holy cow! [Hitter] hit a grand slam!

[打者名]が三振に倒れた。
[Hitter] struck out swinging.

[打者名]が見逃しの三振に終わった。
[Hitter] struck out looking.

［投手名］が三者凡退に仕留めた。よし！
[Pitcher] pitched a 1-2-3 inning. Yes!

［投手名］、いい変化球だ。
Good breaking ball by [Pitcher].

（選球眼をほめて）よく見送ったぞ！
Good eye, good eye!

3回が終わって［球団1］が［(相手の)球団2］を1−0でリード。
[Team1] lead [Team2] 1-0 after 3 innings.

［球団1］が9回で［(相手の)球団2］に追いついて同点とした。
[Team1] tied the game in the ninth against [Team2].

［球団1］が［(相手の)球団2］との三連戦に全勝した。
[Team1] swept [Team2] in a three-game series.

［球団1］が［球団2］のすぐ下の2位につけている。
[Team1] is just behind [Team2] in second place now.

［球団の監督名］がブルペンに連絡したから、今のピッチャーはまもなく交代だな。
[Team Manager] called down to the bullpen, so the pitcher will be changed soon.

試合終了。［球団］が勝った！　最大の番狂わせだった。
It's over. [Team] have won! It was just the biggest upset.

選手について

レッツゴー・[球団／選手名]。(手拍子×5)
Let's go [Team/ Player], clap clap clap clap clap.

[選手名] のファインプレーだ！ マジですごい！
What a play by [Player]! You serious!

イチローがレーザービームのような球を [三塁／ホーム] に返球した。
Ichiro threw a laser beam back to the [third base/home] plate.

[野手名] がバックフェンスを背にキャッチを決めた!!
[Outfielder] made a catch against the wall!!

[選手名]、三打席三安打。よくやった！
[Player], 3 for 3 now. Nicely done!

[選手名] が今、[ナ・リーグ／ア・リーグ] の首位打者だ！
[Player] is [NL/AL] batting leader now!

[選手名] は後世に名を残す選手だ。
[Player] is a legend.

私を球場に連れていって！
Take me out to the ball park!

❶ 意味通りの内容に加えて、このフレーズ自体が複数の球場で歌われる野球ファンの愛唱歌でもあります。

> スポーツ翻訳者おススメ！

ツイッターで使えるスポーツ表現
MLB編

ツイッターで MLB ファンたちはどのようなやり取りをしているのでしょうか。
MLB の試合を想定して、ファン同士のつぶやきをご紹介します。

試合の感想編
ニューヨーク・ヤンキース vs ボストン・レッドソックス

ヤンキース・ファンのつぶやきです。野球ならではの言い回しもありますが、イメージのわくような生き生きとした表現が数多くあります。ぜひ楽しんで使ってみてください。

A と B は、生粋のヤンキース・ファン、We're a die-hard Yankees fan！です。

A：That game was nerve-wracking.
　あの試合にはやきもきさせられたよ。

B：I don't get how the home plate umpire didn't call the swing a strike for that pitch. ①
　あそこのスウィングを主審がストライクの判定にしなかったことには納得がいかないね。

A：Yep. Papi swung. That should be strike 3. ②
　そーだ。オルティスのバットは回ってた。あれで三振になってればな。

B：Whatever. We won.
　何でもいいよ。うちが勝った。

A：Yeah. [Hitter A] and [Hitter B] hit back-to-back home runs in the eighth inning.
　だね。8回には [打者 A] と [打者 B] が連続ホームランを打ったしね。

B：Then Rivera shut down the Red Sox with a perfect ninth inning as usual.
　その後はリベラがいつもながら完璧な9回で、レッドソックスを抑えてくれた。

A：Three up, three down. What consistency!
　三者凡退。何という安定感だろう！

B：Absolutely, he is the best closer ever.
　本当にそうだね。過去最高のクローザーだ。

A：The Yankees had two-game winning streaks. Yes!
　ヤンキースが二連勝。よし！

POINT ●①誤審によって完全試合が流れたという話もあるぐらいなので、審判の微妙な判定には監督や選手が異論を唱えることも少なくありません。そんな時、試合は中断してピリピリした雰囲気になり、ブーイングの嵐が起きます。もちろんツイッター TL の動きも激しくなります。

②通称 Papi もしくは Big Papi で、レッドソックスのデービッド・オルティスのことです。MLB を観戦していると、球場に応援に来ているファンによる個性豊かな垂れ幕が見られますが、そこに選手の愛称を見つけるのも楽しみのひとつ。ここから新しい愛称や野球用語が生まれることもあります。

選手について語る編

移籍問題や選手の活躍についてのつぶやきです。移籍が多い MLB ならではの話題で、ツイッターでもよく話題に上ります。好きな選手のステータスを追いかけて、つぶやいてみてください。

A：Derek Jeter is now a free agent for the first time in his career.
　デレク・ジーターがキャリア初のフリーエージェントになってるね。

B：No one can imagine him out of pinstripes. He's a franchise player for the Yankees, after all.
　ピンストライプのユニフォーム姿以外は考えられないでしょ。彼はやっぱりヤンキースの看板選手なんだし。

A：He won his fifth Gold Glove this year. But he hit just .270 in this season.
　今年5度目のゴールドグラブ賞も獲った。でも今季の打率はたった2割7分なんだよね。

B：The Yankees try to acquire Cy Young Award winner Cliff Lee now. ①
　今はサイ・ヤング賞投手のクリフ・リーの獲得に動いてるね。

A：That's true. Ace lefty Lee has great control.
　確かに。左腕エース、リーのコントロールは最高だ。

B：What about [team] [Pitcher]?
　[チーム名] の [投手名] はどう？

A：He throws fireballs. The super rookie looks like a veteran on the mound.
　剛速球を投げるよね。あの大型ルーキーは、マウンドじゃまるでベテランだ。

B：He began rehab after his elbow surgery. We can't wait for his comeback. ②
　ひじの手術後、リハビリを開始したんだ。復帰が待ち遠しいね。

A：Check this out, Cal Ripken will throw out tonight's ceremonial first pitch.
　ほら、見てみて、今夜の始球式はカル・リプケンが投げるよ。

B：Wow, the fans are super pumped!
　おお、みんな大興奮だ！

POINT ●①サイ・ヤング賞は、リーグ年間最優秀投手賞。球史に残る大投手のサイ・ヤングにちなんで名づけられた賞です。

②投手はじめ野球選手にとって、ケガは一大事ですが、スポーツ選手である以上、望まぬとも時に起きてしまう悲劇のひとつ。そのため、ツイッターでもよく話題に上ります。思わぬ最新情報が得られることもあるので、選手へのエールを込めてつぶやいてみましょう。

翻訳者：松山ようこ
ESPN 公式携帯サイトの MLB、NFL、NBA、NHL 等のスポーツニュース翻訳。
http://espn-m.jp/　ESPN 格闘技ニュース　http://mma.espn-m.jp/　他。

ベースボール（MLB）用語集

●打撃

一塁打	single/single base hit
二塁打	double/two base hit
三塁打	triple/three base hit
ホームラン	a home run/homer
サヨナラホームラン	a walk-off home run/homer
サンフランシスコ湾に着水する場外ホームラン	a splash hit
満塁ホームラン	grand slam
内野安打	infield hit
ゴロ	a ground ball
ライナー	a liner
フライ	a fly ball/a pop-up

※ a splash hit はサンフランシスコ・ジャイアンツのホーム球場の AT&T パーク（旧称パシフィック・ベル・パーク）でのみ使用される用語です。この球場は、サンフランシスコ湾の入り江に隣接しており、場外ホームランが着水することで有名で、ホームランボールを手に入れようとカヌーで待ち構えるファンもいます。

●守備

一塁手（ファースト）	first baseman
二塁手（セカンド）	second baseman
三塁手（サード）	third baseman
遊撃手（ショート）	shortstop
左翼手（レフト）	left fielder
中堅手（センター）	center fielder
右翼手（ライト）	right fielder
捕手（キャッチャー）	catcher
投手（ピッチャー）	pitcher

●投手

右腕投手	right-hand pitcher
左腕投手	southpaw /lefty
速球派投手	fastballer
変化球投手	breaking-ball pitcher
先発投手	starting pitcher
中継ぎ投手	set-upper
抑え投手	closer
敗戦処理投手	mop-up pitcher

●ルール

牽制	pickoff
四球（フォアボール）	a walk
敬遠	intentional walk
死球（デッドボール）	hit by the pitch
代打	pinch hitter
代走	pinch runner
盗塁	stolen bases
満塁	bases loaded
タッチアウト	tag out
タッチアップ	tag up

[サッカー]

選手とプレーを称える／けなす

今のはすごかった！ すごいゴール！／すごいシュート！
That was magnificent! What a goal!/What a strike!

素晴らしいゴール！ [選手名] が落ち着いて決めたね。
Great goal! Cool finish by [Player].

凄まじい攻撃、強烈なシュートだ！ あれはキーパーも取れないね！
Massive attack, tremendous strike! No chance for GK!

[選手名] の息をのむような美しいシュート。
A breathtaking strike from [Player].

ひっどいシュート…。
Poor finish...

うわあ、惜しいシュートだ。(ほんのわずかの差でゴールから外れる)
No, just wide./That was so close!

上手いパスだな。
Clever passing.

うわ、誰も [選手名] を止められない。(ドリブルが上手い選手を褒める時など)
Wow, nobody can stop [Player].

［選手名］のいいプレー／上手いプレー／華麗なプレーだったね。
Nicely/Cleverly/Beautifully done by [Player].

［選手名］は使えない（ダメだ）。
[Player] is useless.

［選手名］がケガした⁉　そんなああ。
[Player]'s got injured?! Nooo.

［選手名］、どうかケガはしないで。
[Player], please don't get injured.

［選手名］は［チーム名］に欠かせない選手だ。
[Player] is a vital player for [Team].

［選手名］は生粋のストライカーだね。
[Player] is a natural-born goal-scorer.

［選手名］がこの試合の陰のヒーローだよ。（目立つ活躍はしていないが、実は重要な選手）
[Player] is an unsung hero here.

［選手名］が得点すると思うよ。
I think [Player] will be on the score sheet.

［選手名］がダイブして、PKを取りやがった！　なんてこったい。
（ダイブ＝ゴール前でわざと大げさに倒れて、PKをもらおうとすること）
[Player] took a dive and got a penalty. Oh, my.

あ、［選手名］が今レッドカード／イエローカードくらいました。
Uh, [Player] just got a red/yellow card.

［選手名］は精神的にもっと強くならないと！
[Player] needs to be much stronger mentally!

❹ ファンツイート

チーム・試合について

「今夜の試合は絶対勝つ！」というとき、サポーターとチームは一心同体なので主語は We となり、We will win tonight. と表現します。"We" の仲間に入って、応援しているチームの試合についてつぶやいてみましょう。

頑張れ [チーム名]!!
Come on you [Team]!!

次の試合は絶対見なきゃね。
Gotta watch next game.

決勝だね。絶対に勝たないと。
It's a final. A must-win game.

[チーム名] は勝ちに値した。(勝って当然だった)
[Team] deserved to win.

[チーム名] が勝つべきだった。(勝てる試合だった)
[Team] should have won.

[チーム名] が 3-0 で勝ち！ 最高の試合だった！
Three goals to nil to [Team]. Greatest game ever!
❶ nil = zero。サッカーでは、nil（ニル）と表現。

やっとだよ！ ホーム初勝利！
Finally! First home victory!

[チーム名] が負けてすごく残念だ。
It's so disappointing that [Team] lost.

サッカー用語集①

●プレー、試合

先制点	first goal/opening goal
同点弾	equalizer
決勝点（もちろん勝者、という意味も）	winner
試合終了ギリギリでの決勝点	last-gasp winner
シュート	strike
ヘディングシュート、ヘディング	header
ダイビングヘッド	diving header
オーバーヘッドキック、バイシクルキック	bicycle kick
ボレーシュート	volley
巻いたシュート（カーブを描くシュートのこと）	curler
内巻き（カーブ）、外巻きのボール	inswinger/outswinger
ロングシュート	long-range shot
（こぼれ球を押し込む）シュート	tap-in
パス	pass
ドリブル	dribble
クロス、センタリング	cross
セットプレー	set-piece
個人技	individual play
チームプレー	collective effort
ソロゴール（1人で相手守備を突破して決めるゴール）	solo goal
マークされていない、ノーマークの	unmarked
ワンツー（パス）	one-two
途中交代、退場	off
途中出場（He is on now.「今、ピッチに入った」）	on
（レッドカードで）退場	sent off
イエローカード（card は省略されることが多い）	yellow (card)
一発レッド	straight red (card)
ケガ、負傷	injury
調子が良い	in-form
ゴールパフォーマンス、ゴールした後の喜び	goal celebration

スポーツ翻訳者おススメ！ ツイッターで使えるスポーツ表現
サッカー編

英語圏のサッカーの本場はイングランド（英国）です。当然イギリス英語が主流となるため、アメリカ英語とは表現が異なる場合もあります。例えば、アメリカではサッカーは soccer ですが、イングランドでは football（フットボール）と言います。また、スコアを言う時の「1-0」もアメリカ英語の「ワンゼロ」ではなく、イギリス英語の「ワンニル（nil）」と表現されます。それでは、シンプルな表現からイギリス英語ならではの気の利いた表現まで、ご紹介しましょう。

ツイッターで使えるおススメフレーズ

終了間際の接戦で使える表現
接戦の時の興奮がやはり一番盛り上がります。だからサッカーは燃える！
そんな接戦時に使える表現です。

Nah! That was so close!	うっわ！　今の（シュート）惜しかった！
Woooo, just a whisker away!	おーー、めちゃくちゃ惜しい！

POINT ●イギリス英語。whisker ＝口ひげの差、わずかの差で入らない、それぐらい惜しい、の意味。

Noooo, it's deflected!!	そんなああ、ポストに当たった！
Only 10 minutes left. Come on [Team]!!	残り 10 分しかない、頑張れ［チーム名］!!
Come on [Team]! Hang in there!!	頑張れ［チーム名］！　何とか踏ん張れ（1点差で追いつかれそうな時など）
Still 0-0. Gotta earn it. Go [Team]!	まだ 0-0 かよ。何とかしないと。行けー［チーム名］！
Goal! It is a game again!!	ゴール！　まだ試合はわからないぞ！
Yes!! Back to square one!	よし、これで振り出しだ（同点だ）！
Yeahhhh!! Now even!	よっしゃああああ、同点！
Poor refereeing...	ひどいレフェリー…／ひどい判定…
Goal!! And it's done!	ゴール！　これで決まり！

勝敗を表現するフレーズ

日本語でも勝つという意味だけで、快勝、大勝、辛勝などとあるように、英語にもいろいろな言い方があります。一単語で、その試合がどんな展開だったのか何となくわかることもあります。まずはシンプルなものから。チームは複数形扱いになります。

Arsenal beat Manchester City. 　アーセナルがマンチェスター・シティを倒した。
Milan defeat Parma. 　ミランがパルマを敗る。
Chelsea lost 1-2 at home. 　チェルシーはホームで 1-2 と敗れた。
Liverpool thrash Fulham. 　リヴァプールがフラムに大勝。
POINT ● thrash は「打ちのめす」の意。

It was a dramatic 1-0 win by Inter. インテルが 1-0 の劇的勝利。
POINT ●ゴールが生まれたのは試合終盤だと予想できます。

ちょっと気の利いた表現もいくつかご紹介！

Arsenal sink Tottenham. 　アーセナルがトッテナムを敗る（沈める）。
Real Madrid managed to snatch a draw. レアル・マドリードが何とか引き分けに持ち込んだ。
POINT ● snatch は「ひったくる、かっさらう」。ちょっと卑怯な感じのする単語。試合展開では完全に負けていながら、引き分けを拾った感じが出ます。

Barcelona cruise past Malaga. 　バルセロナがマラガに余裕の勝利。
POINT ●本来の意味は「航海する」。クルーザーの cruise ですね。ゆったりのんびり、スコアは 3-0 や、4-0 など。

CSKA Moscow ease past Sparta Prague. CSKA モスクワがスパルタ・プラハに快勝。
POINT ●やすやすと敗る、といったニュアンス。こちらも大量得点差の試合。

そのまま使っても通じないサッカーの和製英語

日本のサッカー実況ではよく使われる「ロスタイム」は和製英語です。英語では additional time, injury time, added time, stoppage-time などと言います。

例：Unbelievable!! A stoppage-time goal by Cesc！
信じられない!! 　セスクのロスタイムでのゴールだ!!

翻訳者：清水憲二　（ツイッターのハンドルは transcreative）
ESPN 公式携帯サイトのサッカーニュース翻訳。欧州クラブチーム関連のニュースを毎日配信中。
http://espn-m.jp/　他サイトでゴルフニュース翻訳なども。ブログ「翻訳者 transcreative の日記＆今日のサッカー英語」= http://d.hatena.ne.jp/transcreative/

サッカー用語集②

試合	match/game
リーグ順位表	league standings/league table
試合結果	results
首位	leader
2位	runners-up
下位3チーム（降格圏内のチーム）	bottom 3
監督（試合に関する指揮のみを担当する場合）	coach
監督（試合のみならず、選手の獲得、さらにはクラブ経営までにも発言権を持つ場合。イングランドプレミアリーグは manager が多い）	manager
チーム	squad
キャプテン（captain でも通じるが、実況ではこちらがよく使われる）	skipper
出場	appearance
ボール支配率	ball possession
総シュート数	total shots
枠内シュート	shots on target
枠外シュート（ゴールを外れたシュート）	shots off target
ファール数（ファールをした数）	fouls committed
被ファール数（ファールを受けた数）	fouls suffered
（選手の）走った距離	distance covered

● その他

ダービー（ライバルチームの対戦）	derby
チャント、応援歌	chant
予選リーグ	group league
決勝トーナメント	knockout stages
第1戦、第2戦	first leg/second leg
連勝	back to back victory
連敗	back to back defeat
（選手の）移籍市場	transfer market
（2部から）新たに昇格した	newly-promoted
（2部へ）降格した	relegated

選手の特徴をつぶやく ―ベースボール&サッカー

次の形容表現を入れて選手の特徴を表現しましょう。

彼は 　　　　　　 な選手だ。　　　　He is a 　　　　　　 player.

●ベースボール&サッカー共通

すごい、素晴らしい	great
一流の	top
鍵となる、重要な	key
質の高い	quality

※ FA（野球のフリーエージェント）などでチームにとって獲得する価値の高い選手にも使う。

素晴らしい、ファンタスティックな	fantastic
天才的な、驚くべき	phenomenal
魔法のようなプレーをする、魅力的な	magical
驚くような、素晴らしい	sensational
恐ろしい、すごい	terrific
才能あふれる	talented
才能のある（天から gift「贈り物」、つまり才能を与えられたというニュアンス）	gifted
大舞台に強い	big-game
便利な、ユーティリティー性の高い、仕事人的な	utility
ダイナミックな、プレーに迫力のある	dynamic
力強い、パワフルな	powerful
頭のいい、知的な	intelligent
チームプレーヤー、チームに貢献する	team
頼りになる、信頼できる	dependable
わがままな、自分勝手なプレーをする	selfish
傲慢な、尊大な	arrogant
特徴のある、変わったタイプの	unique
ベテランの、経験豊富な	veteran
経験豊富な、老練な	experienced

●使い方の違う形容表現

競技の特性の違いから、同じ形容表現でも微妙に使い方が違うものがあります。その違いも楽しみながら、使ってみてください。

〈ベースボールならでは〉

オールスターやプレーオフなど 大舞台を多く経験している一流選手	**big-time**
（走攻守そろった）オールラウンドな	**well-rounded**
安定感のある、ミスの少ない	**solid/consistent**
左利きの、サウスポー	**left-handed/southpaw**
オールマイティーな選手	**five-tool player**

※打撃技術、打撃パワー、走塁技術とスピード、肩の強さ、守備技術など野球選手として必要な「5つの道具」の全てを備えている選手のこと。

〈サッカーならでは〉

スタイリッシュな、洗練されたプレーをする	**stylish**
創造性のある、クリエイティブな	**creative**
左利きの	**left-footed**
両利きの、両足で蹴れる	**two-footed**
テクニックのある、技術の高い	**technical**
献身的な、よく走る	**hardworking**
（チームの）土台となるような、主力の	**fundamental**
［チーム名］らしい	**typical [Team]**

※例：Rosicky is very much a typical Arsenal player. 「ロシツキーは本当にアーセナルらしい選手だ」

両スポーツでよく使われるが、使い方が違う形容表現

decisive
〈サッカー〉 decisive player　決定的な仕事をする、決定力のある選手
〈ベースボール〉 decisive game/inning/play/hit　決定的な試合／イニング／プレイ／安打

skillful
〈サッカー〉 skillful player　テクニックのある、足元の上手い選手
〈ベースボール〉 skillful player　走攻守などの技術に優れた選手

daring
〈サッカー〉 daring player　大胆な、果敢な選手
〈ベースボール〉 daring play　大胆な、果敢なプレイ

[ゴルフ]

プレーについて

できれば、[選手名] に勝ってほしいな。
Hopefully, [Player] will win the event.

頑張れ [選手名]！ そのまま首位で!
Come on [Player]! Stay at the top!

心配ないよ。[選手名] はスロースターターだから。
Don't worry. [Player] always starts slow.

やった、[選手名] が初めてメジャーを制した！
Wow, [Player] claimed his/her first major title!!

[選手名] が絶好調だ!! 美しいショットだ！
[Player] is in full swing!! Beautiful shot right there!

[選手名] は自信満々な感じだね！
[Player] looks so confident!

かなりいいラウンドだったね。今日の [選手名] は安定したプレーぶりだった。
Pretty decent round out there. [Player] played solid today.

今日の [選手名] は、かなりいいボールが打てていたんじゃないかな。
[Player] hit the ball a lot better today.

［選手名］はドライバーショットがすごく良かったなあ。
[Player] was driving it really well.

［選手名］はあまりパッティングが良くなかったね。
[Player] didn't putt very well.

あのティーショット（のミス）で、［選手名］はボギーを叩いちゃったね。
That tee shot there cost [Player] a bogey.

今日の［選手名］はいいスコアを出そうと頑張っていたけど、ダメだったな。
[Player] was trying to shoot a good score today, but failed.

今日のラウンドで鍵となったのは15番（でのプレー）だったね。
I think the key to the round there was 15.

［選手名］が7番でバーディーを取った。
[Player] got a birdie on hole 7.

［選手名］が19m近いパットを沈めた‼ 信じられない！
[Player] rolls in a 60-foot putt!! Unbelievable!

うわ、これは難しそうだ…。ああ、グリーンを越えて、バンカーに入っちゃった。
**Uh, that's a hard one…
Nooo, it went over the green into the bunker.**

18番でバーディー！ ［選手名］はいい形でフィニッシュしたね。一年を通して、［彼／彼女］はパットが絶好調だね。
**Birdie on 18! [Player] finished strongly.
[He/She]'s been putting really, really well all year.**

［選手名］はここで踏ん張らないとね。（我慢のゴルフをしないとね）
[Player] just has to be patient.

コースについて

うわ、これは信じられない（くらい美しい）コースだ！
Wow! This is an unbelievable golf course!

コースの状態は良さそうだね。
Looks like the course is in good shape.

このゴルフコースは先週のより、ずいぶん難しそうだ。
This golf course looks way harder than last week.

強い雨のせいで最終日は延期（サスペンデッド）になったよ。
Final round suspended because of heavy rain.

初日のスタートが濃霧で1時間遅れた。
First-round play was delayed one hour due to heavy fog.

コースは風があるけど、晴れ。
Windy but sunny day on the course.

天気は曇り気味で風もある。雨が降らないといいけど。
Weather is gray and windy. Hope the rain stays away.

❹ ファンツイート

> **POINT 解説**
>
> 人気選手などが出場すると、解説が偏る時があります。他の選手のことについて触れない時のつぶやき表現。
> 例：The only thing the commentators care about is Tiger.「解説の人たち、タイガーのことしか気にしてないじゃん」
> また話題の選手などが、「やってくれた！」という時は〜 made it! を使います。
> 例：The phenom from Japan, Ryo Ishikawa made it again!!「日本が誇る天才、石川遼がまたやってくれた！」
> phenom は俗語で「天才」を意味します。

> スポーツ翻訳者おススメ！

ツイッターで使えるスポーツ表現
ゴルフ編

ゴルフは個人スポーツということもあって、男子女子問わず多くの選手が早くからツイッターアカウントを持ち、かなりカジュアルに使っている印象があります。チームスポーツだと、なかなか好きなようにツイッターで発言できないという事情もあるようです（それでもサッカーやバスケなど、徐々にツイッターアカウントを持つチームスポーツのプロ選手は増えてきています）。

ゴルフに関しては、選手たちの生の「声」、または選手同士の交流を横からのぞけることがツイッターならではの魅力だと思います。「これから大会初日よ」なんてツイートを見つけたら、思い切ってメンション（メッセージ）を送ってみてはいかがでしょうか？

ツイッターで使えるおススメフレーズ

試合前
〈選手のツイート〉

Off a few days, now back at it tomorrow.	数日のオフを経て、明日からまた始動。
Ready for the first round of [tournament]!	［大会名］初日に向けて準備 OK!
Playing at 10.18 tomorrow.	明日は 10 時 18 分スタートよ。

〈おススメの応援メッセージ〉

Good luck this week!	今週の（大会での）幸運を祈ってるよ！
Best wishes for an awesome tournament!	最高の大会になることを願ってるわ！
I hope you win!!	勝つことを祈ってるわね！！
Have fun!	楽しんで！
Play well, keep the putter hot!	いいプレーを見せてね、パットも頑張って！（パターをホットな状態、いい状態に保ってね、が直訳）
Cool, looking forward to it.	いいね、（大会が）楽しみだね。

練習
〈選手のツイート〉

Time to go out to the course and get some good practice.	コースに出る時間、いい練習をしないと。
Getting some good practice done.	練習終了、いい練習ができた。
Happy to be in Japan for the first time and excited to play again!	日本に初めて来られたので嬉しいわ、また（大会で）プレーするのが楽しみ！

〈おススメの応援メッセージ〉

Today I watch your practice in the country club. 今日のクラブでの練習を見ていたよ。
I'm your super fan!! 私、あなたの超ファンなの!!
YOU are the best golfer! あなたこそ最高のゴルファーよ！（you を大文字にすることで、あなた「こそ」というニュアンスが出ます）

試合終了後

〈選手のツイート〉

Good day today! 66 with two bogeys. Two more days, going to be a great weekend. 今日は良かった！　ボギーが2つあったけど66（のスコア）。あと2日、いい週末（大会の結果）になりそう。

Somehow managed to sneak a 5th place this week! 今週は何とか5位に滑り込んだよ！

〈おススメの応援メッセージ〉

Well done! Keep it goin, you man/girl!! 素晴らしかった！　その調子でね!!
Congrats to [Player] for your first win!!!! ［選手名］、初勝利おめでとう!!!!
（congrats = congratulations の省略形）
Way to go! You won the tournament! やった！　大会に勝ったね！

■ やっぱりゴルフにもある和製英語

ナイスオン。これはよく耳にしますが、残念ながら和製英語です。Good shot! とか Great shot! It's on. と言うのが正しい英語です。
同様にナイスインもダメ。こちらも単純に Good putt! とか Great Putt! で大丈夫です。
また、アゲンスト、つまり「向かい風」のことですが、英語では headwind とか It is blowing against us. などと文章で言うことが多いです。

■ 大会中のツイッターはOK？

ゴルフの世界では、ついにラウンド中につぶやく選手まで現れました。しかし、PGA ツアーでは「ラウンド中の電子機器の使用は禁止」されているため、その選手は PGA から警告を受けました（特に罰則は下されなかったようです）。しかし、ゴルフはプレー中にツイートする余裕が十分にあるスポーツ。まさかの解禁があるでしょうか？　個人的には期待してしまいます。

翻訳者：清水憲二　（ツイッターのハンドルは transcreative）
ESPN 公式携帯サイトのサッカーニュース翻訳。欧州クラブチーム関連のニュースを毎日配信中。
http://espn-m.jp/　他サイトでゴルフニュース翻訳なども。ブログ「翻訳者 transcreative の日記＆今日のサッカー英語」＝ http://d.hatena.ne.jp/transcreative/

ゴルフ用語集

大会	tournament/event
プロアマ大会（大会前日に行われる、有名人などとゴルファーが一緒にラウンドするイベント）	pro-am
カントリークラブ	CC = country club
ゴルフクラブ（コースのこと）	GC = golf club
フロントナイン（1〜9番ホール）	front nine
バックナイン（10〜18番ホール）	back nine
パー3、ショートホール	par-three hole
パー4、ミドルホール（ミドルホールは和製英語）	par-four hole
パー5、ロングホール	par-five hole
最終日	on Sunday

※本来の意味はもちろん日曜日ですが、ゴルフの大会はたいてい日曜が最終日なので、最終日という意味になります。

マッチプレー／ストロークプレー	match play/stroke play

●成績、順位

4位タイ（T は tie ＝タイの略）	T4
プレイオフ2位（P は playoff ＝プレイオフの略）	P2
プレイオフでの敗北	playoff loss
単独5位	solo fifth
首位タイ	co-leader
首位と4打差	four shots behind the lead
（スコアが）60台の／70台の	60s/70s
キャリアタイのベストスコア63	career-tying low 63
順位表	leaderboard
ディフェンディングチャンピオン（前年の大会優勝者）	defending champion
メジャー優勝経験者	major winners
賞金王、賞金女王	money leader
世界（男子）ゴルフランキング	OWGR= Official World Golf Rankings
ロレックスランキング（女子ゴルフ世界ランキング）	Rolex Ranking

●プレー

ボギーなしの	bogey-free
パー	par
バーディー	birdie
2 連続バーディー	back-to-back birdie
3 連続バーディー（consecutive が「連続」の意）	three consecutive birdies
イーグル	eagle
アルバトロス	albatross
ホールインワン	hole in one/ace
ティーショット	tee shot
ショートゲーム、グリーン周りのプレー	short game
アプローチショット、寄せ	approach shot
チップショット	chip shot
予選突破する／予選落ちする	make/miss the cut
バーディーを狙う	try birdie
バーディーを決める	make birdie
逆転優勝	come-from-behind win
（PGA）ツアー初勝利	first win on TOUR
5 年ぶりの優勝	win for the first time in five years
トップ 10 入り 7 回	seven top 10s

●スタッツ

平均パット率	putting average/in putting
パーオン率	GIR/in greens/greens hit
フェアウェイ・キープ率	in fairways hit

●その他

飛ばし屋	big hitter
ハンディ	handicap
日没サスペンデッド（日没順延）	suspended due to darkness

[フィギュアスケート]

演技について

ひざの柔らかさにシビれちゃう！
[He/She] has such wonderful knees. Swoon!

動作がとても柔らかくて滑らか。
[His/Her] movements are so soft and fluid.

ジャンプは高いし、着氷も素晴らしい！
[His/Her] jumps are huge and [his/her] landings are great!

どれも最高に美しいジャンプだわ！
The most beautiful jumps ever!

あのジャンプ、回転不足だったと思う。
I guess [he/she] under-rotated the jump.

最後の高速スピン見た？　ものすごい速さだった！
Did you see [his/her] fast scratch spin at the end? Super fast!

彼／彼女のスピンは速い！　すごいよ！　スピンの軸がぶれてない。
[He/She] is spinning fast. Awesome!
[His/Her] spins are well-centered.

ステップが最高。エッジも深くてスピードもある。
[His/Her] steps are fantastic, skated on deep edges at great speed.

あんな複雑なステップを美しく決めるなんて、もう最高！
[He/She] performs a series of complicated steps beautifully. Really stunning!

スピンとステップでレベル4を獲得！　すごいね！
Level 4 for all spins and both step sequences! What a knock-out skate!

ふんわりと猫足着氷。ひざが柔らか〜い！
Such a soft landing like a cat. Those knees are so elastic!

見事な着氷！　ひざの深さがいいね。
The most beautiful landing! [He/She] bends [his/her] knees very deeply.

滑らかで流れるようなスケーティング。うっとり。
[His/Her] skating is smooth and flowing. So gorgeous.

すごく力強い滑り！
[His/Her] skating is powerful!

クラシックを使ったプログラム、まさに王道だね。
[He/She] skates [his/her] program to classical music. I would say it's the most orthodox choice of music.

ロックを使ったプログラム、カッコよかった！
[His/Her] program to rock music was just awesome!

踊りのセンスが抜群！
[He's/She's] really got a knack for dancing.

なんか体操っぽい。
[He/She] is skating like a gymnast.

踊りのセンスなし。
[He/She] has no dance sense.

リンク・衣装・採点について

氷の状態が柔らかくて、ちょうどいいみたい。
The ice is soft and rink conditions seem just right.

リンクの状態が良くないみたい。
Looks like the ice isn't in good condition.

衣装がゴージャス！ 似合ってるね！
[His/Her] costume is so gorgeous! Looks great on [him/her]!

衣装がステキ！ ピッタリ！
Love the costume! It fits [him/her] well!

地味な衣装でガッカリ。
[His/Her] costume is just too plain. Such a letdown.

なんて悪趣味な衣装なんだ！
**What a terrible costume!/
That costume is definitely in bad taste.**

公平な採点だと思う。
**I think that's a fair score./
That was a fair score for [him/her].**

公平な採点がもらえるといいけど。
Hope [he/she] gets a fair score.

公平な採点を！
Fair marks please!/Judges, be fair!

採点が不公平だ！（ひどい採点だ！） もっと高くてもいいはず！
**That's not a fair score!
[He/She] deserves much higher marks!**

選手への応援メッセージ／演技・試合の感想

［地名］であなたらしい演技ができますように。うまくいくことを祈ってます。
Hope you'll show us perfect skating in [place].
My thoughts are with you. Good luck!

最高の演技を！［　　］で頑張って！
Hope you skate your best! Good luck in [place]!

練習の通りやれば、本番でもきっとうまくいくよ！　信じて頑張って！
Just be yourself as usual, and you'll be OK!
Just believe and go for it!

地元のみんなで応援してるよ！
All of us in [place] are cheering you on!

［開催の場所］のお客さんも、あなたの美しい滑りをみればびっくりするよ！
Your beautiful performance will surprise the audience in [place] !

［開催の場所］の会場を沸かせちゃって！
Rock the audience in [place] !

他の誰よりも一番輝いてる。絶対勝てるよ！
You look more dazzling than anyone else. No competition!

勝ってファンにエキシビジョンをみせてね！
I want you to win! Hope to see you at the exhibition!

何があろうと私はあなたのスケートが大好きだよ！（失敗した選手への慰めとして）
Whatever happens, I love your skating! ※男子・女子選手に向けて
Win or lose, no matter what, you're my hero! ※男子選手に向けて

ケガしなかった？　体は大丈夫？（なんともない？）
Any injuries? Are you OK?
(Is everything fine with you?)

4回転成功おめでとう。男らしい滑りに感動したよ。
挑戦的な4回転フリップを入れたプログラム、大好き！
Congrats! You nailed a quad! Awed by your guts!
I love your program with its ambitious quad flip attempt!

やったやった！ シーズンベスト更新！ 今日は最高の結果だね！
YES! You did it! Best score of the season!
You got the best results for your performance today!

難しいプログラムなのに、ノーミスで滑れてよかった！
Glad you skated that difficult program without any mistakes!

終わったときのガッツポーズをみて、うれし泣きしたよ。
I cried with joy when I saw you strike a victory pose at the end of the performance!

素晴らしいステップに、感動して泣いたよ。
You moved me to tears with your beautiful step sequences.

もっと高い点数が出ると思ったから、納得いかない。私にとっては一番の演技だったよ。
I thought you should have got a higher score.
I don't get it. To me, you were the best.

楽しいショーでした。ところであなたが今日一番人気だったよ！
I enjoyed the show. By the way, you were the most popular skater in the show today!

初めて生で見ることができて、感動しました。
It was the first time I've seen live figure skating.
I was thrilled!

初めて来たお客さんも、すごく盛り上がってたよ。
First-time audience members were really excited at the show.

フィギュアスケート用語集

●動作

ジャンプが高い／美しい	[His/Her] jumps are huge (high)/beautiful.
回転不足	an under-rotated jump
スピード不足	poor speed
高速スピン／スピンが速い	a fast scratch spin/spinning fast
軸がぶれていないスピン	well-centered spin
明確な、はっきりとしたステップ／ジャンプ	clear steps/jumps
十分な高さ	good height
無駄な力が入っていない（ジャンプ／ステップ）	effortless (jumps/steps)
転倒	fall
踏み切り	take-off
両足での着氷	land on two (both) feet
着氷で両手／片手を着く	touch down with both hands/one hand in a jump
柔らかく弾力のあるひざ	supple but strong knees
弾力のある、ばねのある（動き／ひざ）	elastic/springy/resilient (movements/knees)
～が柔らかい	[His/Her] [　] is flexible/lithe.

体 body ／上半身 upper body ／下半身 lower body ／腰 lower back ／首 neck ／足首 ankle(s)

ひざが柔らかい	have flexible knees

POINT 解説

「柔らかい」というと soft という単語を思い浮かべますが、この言葉は、人の体や一部について使うと、fat「太っている（脂肪で柔らかい）」という印象を与えることがあります。そのため、「（いい意味で）柔軟な」というポジティブな印象を与える flexible/lithe を用いるのがおススメです。soft landing「柔らかい着氷」、soft movements「柔らかい動き」など動作については問題ありません。
また、He is a soft person.「彼は柔らかい人」などと人物の性格を描写する場合は、weak/sentimental「弱々しい／感傷的な」という意味に受け取られる場合があるので注意しましょう。

●演技

難しい入り／プログラム	difficult entry/program
独創的な入り／プログラム	creative entry/program
姿勢がキレイ	good positions
ぎこちない姿勢	awkward positions
正確なステップ	accurate steps
世界一のステップ	the world's best steps/footwork/step sequences
複雑なステップを美しく決める	perform a series of complicated steps beautifully
踊りのセンスがある	have a knack for dancing
踊りのセンスがない	have no dance sense
リズム感がない	have no rhythm
猫足の着氷	[his/her] cat-like landing/soft landing like a cat
ひざが柔らかい着氷	landing with resilient knees
なめらかな滑り	smooth skating/fluid skating
流れがいい	good flow
ジャンプ／エレメントとの間の流れが良い／悪い	good/bad flow between jumps/elements
ジャンプ／エレメントとの間のリズムが良い／悪い	good/bad rhythm between jumps/elements
力強い滑り	powerful/energetic skating
音楽のキャラクターを表現する	express the character of [his/her] music
エッジ使いが上手い	[His/Her] edge work is great. [He/She] has good edge work. [He/She] has wonderful edges.
エッジ使いがイマイチ	[He/She] has poor edges.
全体にエッジ使いが悪い（荒い）	All moves were done on very poor (rough) edges.

●その他

氷が柔らかい	The ice is soft./The rink has soft ice.
リンク状態がよくない	The ice condition isn't good.
バナー（応援のバナー、旗）を作製する	make banners (supporting banners, flags)
（採点が）公平だ／不公平だ	fair score/unfair score
王道のクラシックを使ったプログラム	traditional program using classical music
今どきのロックを使ったプログラム	stylish program using rock music

第 5 章
日本を伝える
英語で世界に伝えてみよう。

Why don't you tweet about Japan?

文化や美意識、そして今の流行など、日本の情報を発信してみよう!

ツイッター上では文化交流も気軽にできますが、文化そのものについて語るのはなかなかハードルが高いと思います。そこで、文化交流は身近な日々の発見をつぶやくことから始めてみてはいかがでしょうか。第2章の"日々のつぶやき"からも「日本の日常」は伝わりますし、もしかしたら、海外の人々にとっては、それは新鮮な情報かもしれません。意外なものが珍しがられたり、また称賛されたりするものです。

本章では、さらに「今流行っているもの」や「風習・習慣」そして身近な「季節の行事」など日本の文化を意識させる表現を集めました。もちろん、英会話でも使える表現ばかりです。ぜひ、海外から来るお友達との会話にも使ってみてください。

また、ツイッターでは写真も公開できるので、季節のつぶやきとともに写真を添えてもいいかもしれません。

流行について

今、日本では何が流行ってる？　日本の"今"をつぶやいてみましょう。

日本で今、人気のある俳優／女優は［　］だ。
[ ] is currently a hot actor/actress in Japan.

日本で今、人気のあるアーティスト／ミュージシャン／俳優／女優は［　］だ。
Right now, [ ] is a hit artist/musician/actor/actress in Japan.

[A]（日本の俳優名）は、ハリウッドでいうと［B］くらいのスターかな。
[A] is on the same level of popularity in Japan as [B] is in Hollywood.

日本でリスペクトされている俳優／アーティストは、［　］だね。
[ ] is a highly-respected actor/artist in Japan.

日本のいわゆるヒーローといえば、［　］だ。
[ ] is the go-to hero in Japan.
❗ go-to（人）=「最高の人、最もふさわしい人」という意味。
例：He is the go-to guy for all your computer questions.「コンピューターの質問をするなら、彼が最も適切な男だ（コンピューターのことなら彼に聞け）」

海外の俳優で人気があるのは、[A] だね。[B] は、日本ではあまり人気ないかも。
[A] is a popular foreign actor in Japan.
[B] isn't very well-known in Japan.

日本ではもうマンガ [A] はあまり人気ない。今は [B] が熱いね。
The manga/comic [A] isn't very big in Japan.
[B] is the current "in" thing.

日本で今、流行っているゲームは [A] だね。[B] はもう流行っていない。
[A] is a pretty huge game in Japan right now.
[B] is yesterday's news.

地域・街について

[地名] はミシュランに載ってから、大勢の人がやってくる。
People have been flocking to [place] ever since it was mentioned in the Michelin Guide.

あなたの国の [A] は、日本の [B] に近いかも。
Your country's [A] and Japan's [B] may be somewhat alike.
※ [A] [B] には街や地域名を入れてください。

おススメの街は、おいしいものを食べるなら [A]、日本の伝統文化や古い町並みを見たいなら [B]、買い物を楽しむなら [C] だね。
Places to go: For great food, [A]. For culture and buildings, go to [B]. For shopping, [C] is your best bet.

日本で今流行っている、パワースポットといえば [地名] だ。
そこに行けば、幸せになれると信じられている。
[Place] is one of the most popular power spots in Japan now. That place makes you happy.

日本は森や山に囲まれたところ。だから、いい感じのキャンプ・スポットがたくさんあるよ。お気に入りは [地名] かな。
Japan is largely covered by forests and mountains, so there are lots of wonderful camping spots. [Place] is maybe my favorite.

住むなら [地名] がいいよ。人ごみから逃れる隠れ家的な雰囲気もありつつ、お店はあるし、結構便利。
[Place] is a great place to live. It's got secluded spots if you need to get away, but plenty of shopping and things to do.

ファッション・スポットといえば [地名]。いつでも最新のスタイルが楽しめる。たまにビックリなファッションの人もいるけど、それもまた楽しんじゃって！
[Place] is a fashion town. You can always see the latest styles there. Some are shockers, but that is part of the fun!

[地名] で最高にいい感じのショップを見つけたよ。[商品] とかも売ってる。
他では見ない珍しい物もあったよ。
I found the neatest shop in [place]! They sell [items] there. I saw some really rare stuff there.

文化・風習について

最初は戸惑うかもしれないけど、東京は地下鉄か電車が便利。タクシーは高いよ。
The subways in Tokyo are convenient, if a little difficult at first. Taxis are fairly expensive.

電車の朝と夕方のラッシュは最悪！　大きな荷物を持っては乗れないから気をつけて！
Morning and evening rush hour trains are the pits. Be aware that you won't be able to get on if you have a lot of baggage.

普通のお寿司屋さんは高いけど、回転ずしなら安く食べられるよ。
Normal sushi places are expensive, but conveyor belt sushi places let you eat cheap.

日本の映画チケットは結構高い。映画を観るなら毎月１日がおススメ。
映画の日で安くなる。女性ならば、水曜日に行くと安いよ。
Japanese movie tickets are pricey, but the first of every month is cheaper, and on Wednesdays there are discount tickets for women.

残念ながら、日本映画には英語字幕がついてないんだ。
Unfortunately, Japanese movies don't have English subtitles.

電気製品とゲーム、アニメグッズは秋葉原へ！
For electronics, video games and anime goods, Akihabara is your best bet.

日本人はお酒を飲みながらご飯を食べるから、ご飯も食べられる居酒屋が多い。
Most Japanese like food with their alcohol, so izakaya pubs that serve food are common.

❗ 外国では、国によって食事中はお酒を飲まず（飲むとしてもワイン）、食後にお酒をゆっくり楽しむという習慣があります。

仕事の後の一杯がおいしいのは、どこの国でも同じだね！
Everyone in the world is enjoying a nice pint of beer after work, I think.

日本はゴミの分別が細かい。だから、ゴミの日のカレンダーを持っておくのが大切だ。
Garbage is sorted into different types and each type is picked up on a different day, so it's important to keep a calendar handy.

浴衣はカジュアルな着物。夏にはお祭りに浴衣を着て行くね。
**Yukata is a kind of light, summer kimono.
Many people wear them to festivals during the summer.**

歌舞伎は江戸時代に始まった伝統芸能で、その迫力は想像以上だよ。
**Kabuki is a traditional art that started in the Edo period.
It has a wilder atmosphere than you might imagine.**

歌舞伎は、もともと庶民のために生まれたもの。すべて俳優は男性なんだ。女形の俳優は、男とは思えないほど、美しいよ！
**Kabuki was originally intended for common people.
All of its actors are male, but the ones who play the parts of women are beautiful!**

相撲はただの力比べじゃない。技と心理戦が重要なんだ。
Sumo is not a simple test of strength. Psychology and technique are more important.

横綱は、肉体的にも精神的にも強く、それでいて品格を求められる。
A yokozuka must be strong physically as well as spiritually, and carry himself with dignity.

サムライが好きなら、とりあえず剣道をすすめるよ。
If samurai are your thing, you should start off with kendo.

書道は漢字の練習におススメだし、大胆かつ繊細な筆遣いに挑戦してみるのも面白いよ。
Calligraphy is a great way to pick up new kanji and an interesting challenge with its mix of bold motion and delicate control.

Weird Japan ちょっとおかしな日本のお菓子

日本の食べ物を英語でどう表現するのか知りたいときは、アメリカのアマゾン（Amazon.com）で Japanese food/candy/snack を検索してみてください。日本でもおなじみの食品やお菓子はもちろん、「あれ？　これ日本で売ってる?」というものまで販売されています。お好み焼きのセットには "Okonomiyaki kit/Japanese pizza" という商品名が。確かにピザに似ています。またレビューなどを読むと、さらに英語表現や日本食についての感想などを知ることができるので楽しいです。

さて、中でも海外で「ちょっと珍しい」と面白がられているのが日本のお菓子。"Strangest Japanese Candies 20"「最も奇妙な日本のお菓子トップ 20」や "Japan's Strangest Kit Kat Flavors"「日本の奇妙なキットカット」などを紹介している海外サイトもあります。ちなみに candy はキャンディーに限らず、甘いお菓子全般に使われます。しょっぱいお菓子が snack です。特に珍しいのがやはり地域限定商品（local sweets/candies）ですね。キットカットのように海外でもおなじみの商品だと話も盛り上がるかもしれません。味の説明や感想については、第 2 章の［食事にまつわる単語集（P50 〜 51)］を活用してください。

You should try Green Tea Milk Kit Kats!
抹茶風味のキットカットを試してみて！

It's a limited special edition from [place].
それは [　　] 地域限定バージョンです。

海外のお友達に珍しいお菓子をお土産に買っていくのもオススメです。

季節の風物詩

■ 1月　January

お正月は日本で一番大きな休暇だよ。多くの人が故郷の家に帰省する。

The New Year season is the biggest holiday in Japan. Most people return home to visit their families.

別にとりわけ信仰心が深いわけというわけではないけれど、多くの日本人がお正月にお参りに行くよね。

Though most Japanese people aren't terribly religious, almost everyone visits a temple at the beginning of the year.

"おせち料理"はお正月の伝統料理。いろんな料理や食べ物があって、それぞれに意味があるんだ。

Osechi is traditional food for the New Year. It contains several different dishes and items, each with a different meaning.

■ 2月　February

節分は、"鬼は外、福は内"と叫びながら豆をまきます。家から邪気を払う儀式みたいなイベントです。

For Setsubun, people throw beans, saying, "Devils out, fortune in!" It is a ritual to get rid of evil in the house.

日本のバレンタインデーは、女の子から男の子にチョコを贈って愛を告白する。

On Valentine's Day in Japan, women give men chocolate as a sign of affection.

バレンタインデーにチョコをもらったからといって、そこに"愛"があるとは限らない。というのも、義理チョコというのがあるから。

Not all chocolate is given out of affection on Valentine's Day. Some is given because it is expected.

❗ 英語には「義理チョコ」という言葉がありません。Some is given because it is expected. の直訳は「もらえると期待されているから、もらえる人もいる」。つまり「あげないとまずいからあげる」という意味で「義理チョコ」のニュアンスを伝えます。

3月　March

ホワイトデー（3月14日）は、男の子から、バレンタインデーにチョコをくれた女の子にお返しのプレゼントを贈る日です。

On White Day, March 14, men give women something in exchange for chocolate they got on Valentine's Day.

日本では、3月が卒業式のシーズン。別れのシーズンになります。

March is graduation time in Japan, a time when many people go their separate ways.

梅の花は、冬の終わりの知らせです。たいていはまだ寒さが残りますが、春の暖かさが徐々に訪れます。

**Plum blossoms mean that winter is ending.
It is usually still cold, but warmth is on its way.**

4月　April

春はお花見。桜の木の下でパーティーをします。

Spring is ohanami season. People have parties under the trees and stare up at cherry blossoms as they drink.

桜の開花とともに、新しい生活が始まります。

When cherry blossoms start to appear, new lives begin.

日本では4月に新学期が始まります。

In Japan, the school year starts in April.

5月　May

5月にはゴールデンウィークと呼ばれる連休があります。美しい季節で、みんな、旅に出かけるので、どこも混んでいるんですよね。

May has a string of holidays called Golden Week. It is a beautiful season, and many people travel, so it's crowded everywhere.

子どもの日には鯉のぼり（鯉に似た吹き流し）をあげる。中には本当にデッカイものもあるよ！

On Children's Day, people fly wind socks made to look like carp. Some of them are really huge!

6月　June

日本で6月は梅雨の時季。ずっと雨がしとしとと降り続くから、洗濯物が溜まっちゃう。

June is the rainy season in Japan. The rain trickles down endlessly and laundry piles up.

梅雨が明けると、夏の暑さがやってくる。

After the rainy season, the summer heat comes in.

制服も冬服から夏服に衣替え。

School uniforms are changed from winter clothes to summer clothes in June.

7月　July

7月は暑さから逃れようと、プールやビーチに大勢の人が詰めかける。日本は、水資源が豊かでラッキーだ。

In July, people flock to swimming pools and beaches to escape the heat. Japan is lucky to be blessed with so much water!

日本で自然を楽しむのは基本的に2つのタイプに分かれる。海と山。どっちも素晴らしい夏の行楽地だ。

In Japan, natural spots are basically divided into two places: the sea and the mountains. Both are great summer destinations.

8月　August

夏はいろんなところで花火大会やお祭りがある。日本の夏祭りはとてもエキサイティングで、現実を忘れさせてくれる。

There are a lot of festivals and fireworks displays during the summer. Festivals are both exciting and out-of-this-world.

お祭りで売っている食べ物は、市場みたいな感じかな。フライや焼き物、甘い物までたくさんあって、何でも楽しめるよ。

Food at festivals has a fairground feel to it. Lots of fried, grilled and sweet things you'll enjoy at the moment.

9月　September

9月になると夏の暑さが和らぎ始め、ひと段落つける。

September is when the summer heat starts to abate, to everyone's relief.

日が短くなるにつれ、人の心は内側に向いていく。だから秋は、読書や芸術の季節なんだね。

As the days grow shorter, people's thoughts turn inward, making fall the season for reading and art.

秋は昔から収穫シーズン。つまり、ご飯や野菜がおいしい季節（旬）ということ。この素晴らし季節を楽しまない手はないよね！

Fall is the traditional harvest season, which means rice and many vegetables taste their best. Be sure to enjoy this magical time!

10月　October

日本でもハロウィンは知られているけど、さほど盛り上がらないね。それでも、やっぱり家やオフィスなどでかわいいハロウィンの飾りは見かけるよ。

Halloween is known, but not big in Japan.
Even so, many people find Halloween decorations cute, and decorate their homes or offices.

10月は紅葉が一番美しい季節です。たくさんの人が、紅葉を楽しみに山に出かけます。

October is when the autumn foliage is at its most beautiful. Many people take time off to go to the mountains and admire the leaves.

10月は人事異動の季節。昇進、降格、転勤もある！

Companies often shift personnel around in October. Promotions, demotions and transfers bound!

11月　November

こたつは、ヒーターのついた低いテーブルで、秋の終わりから冬にかけて暖をとるには最高です。しかも省エネ!

Kotatsu are low tables with heaters underneath, perfect for staying warm in late fall and winter. They are pretty energy-efficient to boot!

11月は、みかんがおいしくなる時季。日が短くなり、どんよりした季節になっても、みかんがあれば幸せ。

November is when mikan (Satsuma mandarins) start becoming really tasty. Even if the days are short and gloomy, I'm happy if I have mikan.

❶ アメリカでは、日本のみかんのことを Satsuma mandarins（サツマ・マンダリン）と呼びます。主に西海岸で作られているそうです。明治時代に薩摩からアメリカに輸出されたのが、その名前の起源といわれています。

12月　December

12月といえば、忘年会、忘年会、忘年会だらけ。肝臓がもつかどうか心配。

December means year-end parties, year-end parties and year-end parties. I wonder if my liver will hold up.

西欧では大掃除といえば春と相場は決まっているのだけど、日本では12月。とにかく頑張って掃除にはげめば、自然と体も温まる。

In the West, spring is the traditional time for major cleaning, but in Japan it is December. The hard work and motion help keep you warm.

日本のクリスマスは一家団欒の休日というより、恋人たちの休日だね。雪とイルミネーションでとってもロマンティックなムードになる。

Christmas is less a family holiday and more a lovers' holiday in Japan. The snow and lights make a really romantic scene.

日常文化の単語集

映画化・ドラマ化される	make into a movie/TV series
まんがを友達と回し読みする	exchange comics with friends
ネットカフェ／まんが喫茶に行く	go to a net/manga café

※まんが喫茶を英語で説明すると?
Manga cafés are like Internet cafés, but have thousands of comics to read.
「まんが喫茶はインターネットカフェのようなところだが、たくさんのまんがも読める場所」

ブログを書く	write a blog
写真をアップする	upload images
カラオケに行く	go do karaoke

※ do karaoke =「カラオケをする」という意味。go to do karaoke =「カラオケに行く」というのが文法的には正しい言い方ですが、to を省略したほうがより口語的(ツイッター的)な表現になります。

家飲みをする	have a party at home
インスタントくじに当たる	win on a scratch lottery ticket
合コンを開く、合コンに行く	have a mixer, go to a mixer
おまけを集める	collect freebies
飲み物に携帯ストラップのおまけがつく	get free a cell phone strap with a drink
100円ショップ	100 yen shop
期間限定のお菓子	seasonal sweets/snacks/confectioneries

※ sweets は甘いもののみを指します。snacks はしょっぱいものでも甘いものでも OK。
confectioneries は sweets の上品な言い方です。

地域限定のお菓子	local sweets/snacks/confectioneries
ケータイゲーム	cell phone games
普通のすし	normal sushi
回転ずし	conveyor belt sushi place

監修　柏木しょうこ（かしわぎ・しょうこ）

翻訳家。映画・ドラマなど海外作品の字幕・吹き替え翻訳、書籍、舞台翻訳などを手掛ける。主な翻訳作品はドラマ『ブレイキング・バッド』（DVD）、訳書『ジョニー・デップ　フォトアルバム』（ACブックス）、『LONG WAY ROUND ユアン・マクレガーの大陸横断バイクの旅』（世界文化社）、『恋とニュースのつくり方』（早川書房）ほか。

●協力
Aaron Dodson（英日翻訳者）／森田弓子（映像翻訳者）／野村佳子（通訳・映像翻訳者）／山崎浩子（通訳・映像翻訳者）／清水憲二（映像翻訳者）／松山ようこ（映像翻訳者）／市川美奈（映像翻訳者）／中谷麻里子（映像翻訳者）／戸部真樹子（映像翻訳者）／岩辺いずみ（映像翻訳者）／中井智映子（通訳・映像翻訳者）

クジラにもめげずにファン・ツイート！
英語で楽しくtwitter！～好きを英語で伝える本～
平成23年3月10日　第1刷発行

編　者　主婦の友社
発行者　荻野善之
発行所　株式会社　主婦の友社
　　　　〒101-8911
　　　　東京都千代田区神田駿河台2-9
　　　　電話　03-5280-7537（編集）
　　　　　　　03-5280-7551（販売）
印刷所　共同印刷株式会社

■乱丁本、落丁本はおとりかえします。お買い求めの書店か、主婦の友社資材刊行課（電話 03-5280-7590）にご連絡ください。
■記事内容に関するお問い合わせは、主婦の友社出版部（電話 03-5280-7537）まで。
■主婦の友社が発行する書籍・ムックのご注文、雑誌の定期購読のお申し込みは、お近くの書店か主婦の友社コールセンター（電話 049-259-1236）まで。
※お問い合わせ受付時間　土・日・祝日を除く　月～金　9:30～17:30
主婦の友社ホームページ　http://www.shufunotomo.co.jp/

© Shufunotomo Co., Ltd. 2011 Printed in Japan　ISBN978-4-07-275642-3

Ⓡ本書を無断で複写複製（コピー）することは、著作権法上の例外を除き、禁じられています。本書をコピーされる場合は、事前に日本複写権センター（JRRC）の許諾を受けてください。
JRRC〈http://www.jrrc.or.jp　eメール：info@jrrc.or.jp　電話：03-3401-2382〉